· EX SITU FLORA OF CHINA ·

中国迁地栽培植物志

主编 黄宏文

IRIDACEAE
鸢尾科

本卷主编 肖月娥 胡永红

中国林业出版社
China Forestry Publishing House

内容简介

鸢尾科植物具有重要的观赏价值、药用价值和经济价值。我国植物园在鸢尾科的引种驯化、迁地保护过程中积累了丰富、宝贵的原始资料，在鸢尾科植物的多样性保护和资源发掘利用中发挥了重要作用。

本书收录了我国主要植物园迁地栽培的鸢尾科植物11属65种6变种2变型。物种拉丁名主要依据《中国植物志》、*The Iris Family：Natural History and Classification*、*Flora of China* 和 *A Guide to Species Irises: Their Identification and Cultivation*；属名按拉丁名字母排序，种名按分类学与拉丁名字母结合的方式排序。首次使用的中文名后面加注"新拟"二字。每种植物介绍包括中文名、中文别名、拉丁名和异名等分类学信息和自然分布、迁地栽培形态特征、引种信息、物候信息、栽培要点及主要用途，并附彩色照片显示物种生境和形态学特征。其中，引种信息和物候信息按植物园所处的地理位置由南向北排列。为了便于查阅，书后附有各植物园的地理环境、鸢尾科植物名录和检索表。

本书可供农林业、园林园艺、环境保护和医药卫生等相关学科的科研和教学使用，也可供花卉爱好者参考。

主编简介

黄宏文：1957年1月1日生于湖北武汉，博士生导师，中国科学院大学岗位教授。长期从事植物资源研究和果树新品种选育，在迁地植物编目领域耕耘数十年，发表论文400余篇，出版专著40余本。主编有《中国迁地栽培植物大全》13卷及多本专科迁地栽培植物志。现为中国科学院庐山植物园主任，中国科学院战略生物资源管理委员会副主任，中国植物学会副理事长，国际植物园协会秘书长。

图书在版编目（CIP）数据

中国迁地栽培植物志. 鸢尾科 / 黄宏文主编；肖月娥, 胡永红本卷主编. -- 北京：中国林业出版社, 2020.11

ISBN 978-7-5219-0926-5

Ⅰ.①中… Ⅱ.①黄… ②肖… ③胡… Ⅲ.①鸢尾科—引种栽培—植物志—中国 Ⅳ.①Q948.52

中国版本图书馆CIP数据核字(2020)第239279号

ZHŌNGGUÓ QIĀNDÌ ZĀIPÉI ZHÍWÙZHÌ · YUĀNWĚIKĒ

中国迁地栽培植物志·鸢尾科

出版发行：中国林业出版社
（100009 北京市西城区刘海胡同7号）
电　话：010-83143517
印　刷：北京雅昌艺术印刷有限公司
版　次：2021年3月第1版
印　次：2021年3月第1次印刷
开　本：889mm×1194mm　1/16
印　张：12.25
字　数：396千字
定　价：180.00元

《中国迁地栽培植物志》编审委员会

主　　　任：黄宏文
常务副主任：任　海
副　主　任：孙　航　陈　进　胡永红　景新明　段子渊　梁　琼　廖景平
委　　　员（以姓氏拼音为序）：
　　　　　　　陈　玮　傅承新　郭　翎　郭忠仁　胡华斌　黄卫昌　李　标
　　　　　　　李晓东　廖文波　宁祖林　彭春良　权俊萍　施济普　孙卫邦
　　　　　　　韦毅刚　吴金清　夏念和　杨亲二　余金良　宇文扬　张　超
　　　　　　　张　征　张道远　张乐华　张寿洲　张万旗　周　庆

《中国迁地栽培植物志》顾问委员会

主　　任：洪德元
副主任（以姓氏拼音为序）：
　　　　　陈晓亚　贺善安　胡启明　潘伯荣　许再富
成　　员（以姓氏拼音为序）：
　　　　　葛　颂　管开云　李　锋　马金双　王明旭　邢福武　许天全　张冬林
　　　　　张佐双　庄　平　Christopher Willis　Jin Murata　Leonid Averyanov
　　　　　Nigel Taylor　Stephen Blackmore　Thomas Elias　Timothy J Entwisle
　　　　　Vernon Heywood　Yong-Shik Kim

《中国迁地栽培植物志·鸢尾科》编者

主　　编： 肖月娥（上海植物园）
　　　　　胡永红（上海辰山植物园）

编　　委： 毕晓颖（沈阳农业大学）
　　　　　郑　洋（沈阳农业大学）
　　　　　于凤扬（上海植物园）
　　　　　奉树成（上海植物园）
　　　　　周翔宇（上海辰山植物园）
　　　　　孙国峰（中国科学院植物研究所北京植物园）
　　　　　沈云光（中国科学院昆明植物研究所昆明植物园）
　　　　　原海燕（江苏省中国科学院植物研究所南京中山植物园）
　　　　　张永侠（江苏省中国科学院植物研究所南京中山植物园）

主　　审： 管开云（中国科学院新疆生态与地理研究所伊犁植物园）

责 任 编 审： 廖景平　湛青青（中国科学院华南植物园）

摄　　影（以姓氏拼音为序）：
　　　　　白　瑜　毕晓颖　程　琳　葛斌杰　华国军　黄卫昌
　　　　　李　凯　李　萍　莫海波　裘金玉　沈云光　孙国峰
　　　　　孙　海　孙　红　孙小美　王　琦　王正伟　肖月娥
　　　　　向　向　徐晔春　杨心宁　叶喜阳　于凤扬　张海华
　　　　　张　俊　张永侠　郑　洋　周　琳　朱鑫鑫　Georgy Lazkov

数据库技术支持： 张　征　黄逸斌　谢思明（中国科学院华南植物园）

《中国迁地栽培植物志·鸢尾科》参编单位
（数据来源）

上海植物园

上海辰山植物园

沈阳农业大学

中国科学院植物研究所北京植物园

中国科学院昆明植物研究所昆明植物园

江苏省中国科学院植物研究所南京中山植物园

《中国迁地栽培植物志》编研办公室

主　任： 任　海

副主任： 张　征

主　管： 湛青青

序 FOREWORD

中国是世界上植物多样性最丰富的国家之一，有高等植物约33000种，约占世界总数的10%，仅次于巴西，位居全球第二。中国是北半球唯一横跨热带、亚热带、温带到寒带森林植被的国家。中国的植物区系是整个北半球早中新世植物区系的孑遗成分，且在第四纪冰川期中，因我国地形复杂、气候相对稳定的避难所效应，又是植物生存、物种演化的重要中心，同时，我国植物多样性还遗存了古地中海和古南大陆植物区系，因而形成了我国极为丰富的特有植物，有约250个特有属、15000~18000特有种。中国还有粮食植物、药用植物及园艺植物等摇篮之称，几千年的农耕文明孕育了众多的栽培植物的种质资源，是全球资源植物的宝库，对人类经济社会的可持续发展具有极其重要意义。

植物园作为植物引种、驯化栽培、资源发掘、推广应用的重要源头，传承了现代植物园几个世纪科学研究的脉络和成就，在近代的植物引种驯化、传播栽培及作物产业国际化进程中发挥了重要作用，特别是经济植物的引种驯化和传播栽培对近代农业产业发展、农产品经济和贸易、国家或区域的经济社会发展的推动则更为明显，如橡胶、茶叶、烟草及众多的果树、蔬菜、药用植物、园艺植物等。特别是哥伦布到达美洲新大陆以来的500多年，美洲植物引种驯化及其广泛传播、栽培深刻改变了世界农业生产的格局，对促进人类社会文明进步产生了深远影响。植物园的植物引种驯化还对促进农业发展、食物供给、人口增长、经济社会进步发挥了不可替代的重要作用，是人类农业文明发展的重要组成部分。我国现有约200个植物园引种栽培了高等维管植物约396科、3633属、23340种（含种下等级），其中我国本土植物为288科、2911属、约20000种，分别约占我国本土高等植物科的91%、属的86%、物种数的60%，是我国植物学研究及农林、环保、生物等产业的源头资源。因此，充分梳理我国植物园迁地栽培植物的基础信息数据，既是科学研究的重要基础，也是我国相关产业发展的重大需求。

然而，我国植物园长期以来缺乏数据整理和编目研究。植物园虽然在植物引种驯化、评价发掘和开发利用上有悠久的历史，但适应现代植物迁地保护及资源发掘利用的整体规划不够、针对性差且理论和方法研究滞后。同时，传统的基于标本资料编纂的植物志也缺乏对物种基础生物学特征的验证和"同园"比较研究。我国历时45年，于2004年完成的植物学巨著《中国植物志》受到国内外植物学者的高度赞誉，但由于历史原因造成的模式标本及原始文献考证不够，众多种类的鉴定有待完善；Flora of China虽弥补了模式标本和原始文献考证的不足，但仍然缺乏对基础生物学特征的深入研究。

《中国迁地栽培植物志》将创建一个"活"植物志，成为支撑我国植物迁地保护和可持续利用的基础信息数据平台。项目将呈现我国植物园引种栽培的20000多种高等植物的实地形态特征、物候信息、用途评价、栽培要领等综合信息和翔实的图片。从学科上支撑分类学修订、园林园艺、植物生物学和气候变化等研究；从应用上支撑我国生物产业所需资源发掘及利用。植物园长期引种栽培的植物与我国农林、医药、环保等产业的源头资源密切相关。由于受人类大量活动的影响，植物赖以生存的自然生态系统遭到严重破坏，致使植物灭绝威胁增加；与此同时，绝大部分植物资源尚未被人类认识和充分利用；而且，在当今全球气候变化、经济高速发展和人口快速增长的背景下，植物园作为植物资源保存和发掘利用的"诺亚方舟"将在解决当今世界面临的食物保障、医药健康、工业原材料、环境变化等重大问题中发挥越来越大的作用。

《中国迁地栽培植物志》编研将全面系统地整理我国迁地栽培植物基础数据资料，对专科、专属、专类植物类群进行规范的数据库建设和翔实的图文编撰，既支撑我国植物学基础研究，又注重对我国农林、医药、环保产业的源头植物资源的评价发掘和利用，具有长远的基础数据资料的整理积累和促进经济社会发展的重要意义。植物园的引种栽培植物在植物科学的基础性研究中有着悠久的历史，支撑了从传统形态学、解剖学、分类系统学研究，到植物资源开发利用、为作物育种提供原始材料，及至现今分子系统学、新药发掘、活性功能天然产物等科学前沿乃至植物物候相关的全球气候变化研究。

《中国迁地栽培植物志》将基于中国植物园活植物收集，通过植物园栽培活植物特征观察收集，获得充分的比较数据，为分类系统学未来发展提供翔实的生物学资料，提升植物生物学基础研究，为植物资源新种质发现和可持续利用提供更好的服务。《中国迁地栽培植物志》将以实地引种栽培活植物形态学性状描述的客观性、评价用途的适用性、基础数据的服务性为基础，立足生物学、物候学、栽培繁殖要点和应用；以彩图翔实反映茎、叶、花、果实和种子特征为依据，在完善建设迁地栽培植物资源动态信息平台和迁地保育植物的引种信息评价、保育现状评价管理系统的基础上，以科、属或具有特殊用途、特殊类别的专类群的整理规范，采用图文并茂方式编撰成卷（册）并鼓励编研创新。全面收录中国的植物园、公园等迁地保护和栽培的高等植物，服务于我国农林、医药、环保、新兴生物产业的源头资源信息和源头资源种质，也将为诸如气候变化背景下植物适应性机理、比较植物遗传学、比较植物生理学、入侵植物生物学等现代学科领域及植物资源的深度发掘提供基础性科学数据和种质资源材料。

《中国迁地栽培植物志》总计约60卷册，10～20年完成。计划2015—2020年完成前10～20卷册的开拓性工作。同时以此推动《世界迁地栽培植物志》（*Ex Situ Flora of the World*）计划，形成以我国为主的国际植物资源编目和基础植物数据库建立的项目引领。今《中国迁地栽培植物志·鸢尾科》书稿付梓在即，谨此为序。

黄宏文

2020年5月6日于广州

前言 PREFACE

我国植物园迁地保育了一批鸢尾科植物，但一直缺乏对迁地栽培的鸢尾科植物物种形态特征、物候资料和可持续利用等各方面的深入研究以及植物园间的比较研究。为此，我们邀请全国多个植物园和高等院校收集鸢尾科植物的科研人员共同编研此书，充分利用植物园实地观察的优势，为鸢尾科植物的研究提供翔实的活体植物生长发育特征数据。编撰说明如下：

1. 本书收录国内各植物园迁地保育的鸢尾科植物11属65种6变种2变型。物种拉丁名主要依据《中国植物志》、The Iris Family: Natural History and Classification、Flora of China（FOC）和 A Guide to Species Irises: Their Identification and Cultivation；属名按拉丁名字母排序，种名按分类学和拉丁名字母结合的方式排序。科、属、种中文名主要依据《中国植物志》，未出现在《中国植物志》中的种类依据多识植物百科和中国植物图像库（PPBC），新拟中文名在文中标注。与FOC意见相左时，在文中作详细说明。

2. 概述部分简要介绍鸢尾科植物研究进展，包括鸢尾科种质资源概况、系统演化及分类、观赏价值、药用价值和栽培要点等。

3. 每种植物介绍包括中文名、中文别名、拉丁名和异名等分类学信息和自然分布、迁地栽培形态特征、引种信息、物候、迁地栽培要点及主要用途，并附彩色照片。

4. 物种编写规范：

（1）迁地栽培形态特征按根状茎（球茎或鳞茎）、叶、花茎、花、果顺序分别描述。同一物种在不同植物园的迁地栽培形态有显著差异者，均进行客观描述。

（2）引种信息尽可能全面地包括：引种号+引种地点+引种材料；引种记录不详的，标注为"引种信息缺失"。

（3）物候按照花期和果期的顺序编写。

（4）本书共收录彩色照片273幅，包括各物种的原始生境、植株、茎、叶、花、果、种子等。少数种在收集后因不适应引种地气候或者因栽培措施不当而死亡。未收集到易危种水仙花鸢尾（*Iris narcissiflora* Diels）材料。但是考虑到这些种类的鉴定对其保护与开发利用极为重要，本书展示了它们在自然条件下的生长状况，以供读者参考。

5. 为便于读者进一步查阅，书后附有参考文献、植物园鸢尾科名录、各植物园的地理环境、中文名和拉丁名索引。

我国地域广阔，加之自然生境的改变和城市化进程，野生资源的收集是一个巨大的挑战。《中国植物志》中记载的乌苏里鸢尾（*I. maackii* Maxim.）、弯叶鸢尾（*I. curvifolia* Y. T. Zhao）和宜兴溪荪（*I. sanguinea* var. *yixingensis* Y. T. Zhao）等种如今已难觅踪迹。

自2006年起，我们先后承担了来自上海市科学技术委员会、上海市农业农村委员会和上海市绿化和市容管理局资助的多项鸢尾类专项课题。在10余年间，引种团队赴我国浙江、湖北、福建、山东、黑龙江、吉林、辽宁、西藏、云南、四川和内蒙古等地开展鸢尾属为重点的野外考察和资源收集工作。2015年起，我们又承担了《中国迁地栽培植物志·鸢尾科》的编撰工作，沈阳农业大学、北京植物园、昆明植物园和南京中山植物园的鸢尾类研究专家陆续参与到这项研究。迄今，本项目收集鸢尾科活植物总计64种，其中我国75%的野生鸢尾属植物得以保存。

另外，我们在本书资料的整理过程中，发现我国在鸢尾科植物迁地保护研究领域仍然存在不少问题。首先，引种者在引种前并未对一些特殊种类引种地气候条件和物种生长习性做深入了解，未能做到因地制宜引种。加之一些植物园对于迁地栽培的鸢尾科植物缺乏专业的栽培设施和管理人员，因此无法对收集到的鸢尾科活植物进行有效保存。比如原产于高山地区的鸢尾属植物喜冷凉气候，在低海拔地区引种栽培后出现不开花甚至死亡的现象。同时，一些种类引种记录不规范，或是由于引种时间过长导致引种资料未能及时归档进而缺失，上述多种因素导致迁地保护的植物来源不清、地理种源不明，使数据的科学性大打折扣。此外，尽管我国各地植物园收集的鸢尾科植物种数并不少，但是对这些种质资源的开发利用却显严重不足，导致我国自主培育鸢尾类新品种的工作仍处于起步阶段，应用于园林绿地中的鸢尾科植物仍以国外园艺品种为主。由于鸢尾科植物种类繁多，近缘种之间相似度较高，加之缺乏系统深入的调查与比较研究，个别种类出现物种鉴定错误。这些问题提醒我们在今后的迁地保护工作中必须做好引种数据的规范记录，并按照不同种类生长习性进行专业养护，重视物候观测，科学收集数据，及时归档管理。长此以往，我们的迁地保护工作水平才能不断提升。

本书是以赵毓棠教授、James W. Waddick博士和Brian F. Mathew先生等研究工作为基础，对我国在鸢尾科植物保存、利用方面开展的进一步探讨。希望借由此书的出版，带动我国植物园和高等院校等专业机构对鸢尾科植物的研究，加大对该科植物的可持续利用。

在鸢尾科物种收集、保存、鉴定以及本书编撰过程中，得到了多位专家、同行和好友的鼎力支持。东北师范大学赵毓棠教授、美国鸢尾协会学术委员会委员James W. Waddick博士、英国鸢尾协会主席Brian F. Mathew先生，三位专家在鸢尾属经典分类学上具有很深的造诣，对作者在鸢尾属种类的收集、考证和鉴定上给予了悉心指导，他们严谨、专注、求真的科学精神一直鼓舞着我们继续探索鸢尾科领域未知的世界。东北师范大学孙明洲博士师从赵毓棠教授，从野外考察、物种鉴定和文献收集等方面都给予了我们无私的帮助。上海植物园毕庆泗、胡真、吴伟、黄梅、王翠梅和张蕾蕾，上海辰山植物园黄卫昌、杨庆华、张宪权、王正伟、葛斌杰，中国科学院西双版纳热带植物园莫海波，浙江农林大学叶喜阳，浙江大学刘军，上海农业科学院周琳以及孙海、张海华、李凯、华国军、孙小美、王红、张俊等老师在野外考察和照片收集等方面提供了大力支持。中国科学院新疆生态与地理研究所伊犁植物园管开云主任对本书进行了认真审稿和悉心指导。在此对以上老师一并表示感谢！

本书承蒙以下研究项目的大力资助：科技基础性工作专项——植物园迁地栽培植物志编撰（2015FY210100）；中国科学院华南植物园"一三五"规划（2016—2020）——中国迁地植物大全及迁地栽培植物志编研；广东省林业局自然教育基地建设项目（199-2019-XMZC-0009-17-0074）；生物多样性保护重大工程专项——重点高等植物迁地保护现状综合评估；国家基础科学数据共享服务平台——植物园主题数据库；中国科学院核心植物园特色研究所建设任务：物种保育功能领域；广东省数字植物园重点实验室；中国科学院科技服务网络计划（STS计划）——植物园国家标准体系建设与评估（KFJ-3W-Nol-2）；中国科学院大学研究生/本科生教材或教学辅导书项目。在此表示衷心感谢！

《中国迁地栽培植物志·鸢尾科》是数家植物园和高校共同努力的成果。最后感谢整个项目组成员和中国林业出版社务实求真的工作态度，才使本书得以付梓刊行。憾于部分引种记录数据的不完整、缺失，另加上编者学识水平有限，书中可能存在疏漏甚至错误之处，敬请读者不吝批评指正。

肖月娥　胡永红
2020年8月

目录 CONTENTS

序 6

前言 8

概述 14

    一、鸢尾科植物系统演化及分类 16

    二、鸢尾科种质资源概况 21

    三、鸢尾科植物观赏价值及园林应用 22

    四、鸢尾科植物药用价值 22

    五、鸢尾科植物栽培与繁殖 22

各论 24

    鸢尾科 Iridaceae 24

    分属检索表 26

    射干属 *Belamcanda* Adans. 27

        1 射干 *Belamcanda chinensis* (L.) DC. 28

    豁裂花属 *Chasmanthe* N. E. Br. 30

        2 双色豁裂花 *Chasmanthe bicolor* (Gasp.) N. E. Br. 31

    雄黄兰属 *Crocosmia* Planch. 33

        3 雄黄兰 *Crocosmia* × *crocosmiiflora* (Lemoine) N. E. Br. 34

    番红花属 *Crocus* L. 36

        分种检索表 36

        4 番红花 *Crocus sativus* L. 37

5 荷兰番红花 *Crocus vernus* (L.) Hill ································· 39

离被鸢尾属 *Dietes* Salisb. ex Klatt ································· 41

分种检索表 ··· 41

6 双色离被鸢尾 *Dietes bicolor* (Steud.) Sweet ex Klatt ································· 42

7 非洲鸢尾 *Dietes iridioides* (L.) Sweet ex Klatt ································· 44

红葱属 *Eleutherine* Herb. ································· 46

8 红葱 *Eleutherine bulbosa* (Mill.) Urb. ································· 47

香雪兰属 *Freesia* Eckl. ex Klatt ································· 49

9 香雪兰 *Freesia* × *hybrida* ································· 50

唐菖蒲属 *Gladiolus* L. ································· 52

10 唐菖蒲 *Gladiolus* × *gandavensis* Van Houtte ································· 53

鸢尾属 *Iris* L. ································· 55

分种检索表 ··· 56

11 中亚鸢尾 *Iris bloudowii* Ledeb. ································· 59

12 锐果鸢尾 *Iris goniocarpa* Baker ································· 61

13 细锐果鸢尾 *Iris goniocarpa* var. *tenella* Y. T. Zhao ································· 63

14 薄叶鸢尾 *Iris leptophylla* Lingelsh. ································· 65

15 长白鸢尾 *Iris mandshurica* Maxim. ································· 67

16 水仙花鸢尾 *Iris narcissiflora* Diels ································· 69

17 甘肃鸢尾 *Iris pandurata* Maxim. ································· 71

18 卷鞘鸢尾 *Iris potaninii* Maxim. ································· 73

19 蓝花卷鞘鸢尾 *Iris potaninii* var. *ionantha* Y. T. Zhao ································· 75

20 膜苞鸢尾 *Iris scariosa* Willd. ex Link ································· 77

21 粗根鸢尾 *Iris tigridia* Bunge ex Ledeb. ································· 79

22 扁竹兰 *Iris confusa* Sealy ································· 81

23 蝴蝶花 *Iris japonica* Thunb. ································· 83

24 白蝴蝶花 *Iris japonica* f. *pallescens* P. L. Chiu & Y. T. Zhao ································· 85

25 鸢尾 *Iris tectorum* Maxim. ································· 86

26 白花鸢尾 *Iris tectorum* f. *alba* (Dykes) Makino ································· 88

27 扇形鸢尾 *Iris wattii* Baker ································· 90

28 单苞鸢尾 *Iris anguifuga* Y. T. Zhao ex X. J. Xue ································· 92

29 西南鸢尾 *Iris bulleyana* Dykes ································· 94

30 大苞鸢尾 *Iris bungei* Maxim. ·········· 96

31 华夏鸢尾 *Iris cathayensis* Migo ·········· 98

32 金脉鸢尾 *Iris chrysographes* Dykes ·········· 100

33 西藏鸢尾 *Iris clarkei* Baker ex Hook. f. ·········· 102

34 长葶鸢尾 *Iris delavayi* Micheli ·········· 104

35 玉蝉花 *Iris ensata* Thunb. ·········· 106

36 红籽鸢尾 *Iris foetidissima* L. ·········· 108

37 云南鸢尾 *Iris forrestii* Dykes ·········· 110

38 喜盐鸢尾 *Iris halophila* Pall. ·········· 112

39 蓝花喜盐鸢尾 *Iris halophila* var. *sogdiana* (Bunge) Grubov ·········· 114

40 矮鸢尾 *Iris kobayashii* Kitag. ·········· 116

41 燕子花 *Iris laevigata* Fisch. ·········· 118

42 白花马蔺 *Iris lactea* Pallas ·········· 120

43 马蔺 *Iris lactea* var. *chinensis* (Fisch.) Koidz. ·········· 122

44 天山鸢尾 *Iris loczyi* Kanitz ·········· 124

45 小黄花鸢尾 *Iris minutoaurea* Makino ·········· 126

46 朝鲜鸢尾 *Iris odaesanensis* Y. N. Lee ·········· 128

47 小鸢尾 *Iris proantha* Diels ·········· 130

48 粗壮小鸢尾 *Iris proantha* var. *valida* (S. S. Chien) Y. T. Zhao ·········· 132

49 黄菖蒲 *Iris pseudacorus* L. ·········· 134

50 青海鸢尾 *Iris qinghainica* Y. T. Zhao ·········· 136

51 长尾鸢尾 *Iris rossii* Baker ·········· 138

52 矮紫苞鸢尾 *Iris ruthenica* var. *nana* Maxim. ·········· 140

53 溪荪 *Iris sanguinea* Donn ex Hornerm. ·········· 142

54 山鸢尾 *Iris setosa* Pall. ex Link ·········· 144

55 小花鸢尾 *Iris speculatrix* Hance ·········· 146

56 准噶尔鸢尾 *Iris songarica* Schrenk ex Fisch. & C. A. Mey. ·········· 148

57 细叶鸢尾 *Iris tenuifolia* Pall. ·········· 150

58 北陵鸢尾 *Iris typhifolia* Kitag. ·········· 152

59 单花鸢尾 *Iris uniflora* Pall. ex Link ·········· 154

60 囊花鸢尾 *Iris ventricosa* Pall. ·········· 156

61 高原鸢尾 *Iris collettii* Hook. f. ·········· 158

62 尼泊尔鸢尾 *Iris decora* Wall. ·········· 160

63 中甸鸢尾 *Iris subdichotoma* Y.T. Zhao ·· 162

64 野鸢尾 *Iris dichotoma* Pall ·· 164

65 布哈拉鸢尾 *Iris bucharica* Foster ·· 167

66 荷兰鸢尾 *Iris × hollandica* ·· 169

67 剑鸢尾 *Iris kolpakowskiana* Regel ··· 171

68 网脉鸢尾 *Iris reticulata* M. Bieb. ·· 173

肖鸢尾属 *Moraea* Mill. ·· 175

分种检索表 ·· 175

69 孔雀肖鸢尾 *Moraea aristata* (D.Delaroche) Asch. & Graebn. ··· 176

70 穗花肖鸢尾 *Moraea polystachya* (Thunb.) Ker Gawl. ·· 178

庭菖蒲属 *Sisyrinchium* L. ·· 180

分种检索表 ·· 180

71 棕叶庭菖蒲 *Sisyrinchium palmifolium* L. ··· 181

72 庭菖蒲 *Sisyrinchium rosulatum* E. P. Bicknell ·· 183

73 直立庭菖蒲 *Sisyrinchium striatum* Sm. ·· 185

参考文献 ··· 187

附录1　植物园地理位置 ·· 189

附录2　鸢尾科植物名录 ·· 190

中文名索引 ··· 192

拉丁名索引 ··· 194

概述
Overview

鸢尾科（Iridaceae）隶属于单子叶植物纲天门冬目（Asparagales），可能起源于澳大利亚-南极古大陆，与近缘的矛花科（Doryanthaceae）大约分化于8200万年前的晚白垩纪，之后通过远缘扩散至其他各个大陆（Goldblatt 等，2008）。鸢尾科植物花姿奇异，花色、花型极为丰富，生态类型多样，具有极高的观赏价值，广泛应用于全球各地的园林或切花生产中，在园艺学上占有非常重要的地位（Goldblatt和Manning，2008）。其中鸢尾属（*Iris*）、雄黄兰属（*Crocosmia*）、番红花属（*Crocus*）、香雪兰属（*Freesia*）、庭菖蒲属（*Sisyrinchium*）和唐菖蒲属（*Gladiolus*）等多个属拥有数万个园艺品种，因而最被人们所熟悉。番红花（*Crocus sativus*）和香根鸢尾（*Iris pallida*）等还是著名的传统香料植物，而射干（*Belamcanda chinensis*）和红葱（*Eleutherine bulbosa*）等为著名的药用植物。因此，鸢尾科植物具有极高的观赏价值和经济价值，其应用前景广阔。

一、鸢尾科植物系统演化及分类

鸢尾科由A. L. Jussieu创建于1789年。由于鸢尾科物种丰富、地理分布范围非常广，一直以来未有人对本科开展过深入系统的分类学研究。直到20世纪90年代，美国植物学家P. Goldblatt开创了现代鸢尾科分类学研究的新篇章。

1990年，Goldblatt首次基于花部形态、解剖学、胚胎学、花粉形态、染色体核型分析和化学成分等特征对鸢尾科系统发育进行了研究，确认鸢尾科内存在4个支系，分别对应折被鸢尾亚科（Isophysidoideae）、木鸢尾亚科（Nivenioideae）、鸢尾亚科（Iridoideae）和番红花亚科（Crocoideae）4个亚科。之后，Rudall（1994，1995）基于形态学和解剖学特征的研究结果支持鸢尾科分为木鸢尾亚科、鸢尾亚科和番红花亚科3个亚科，不支持将折被鸢尾属（*Isophysis*）处理为单独的亚科。1997年，Souza-Chines等人首次采用叶绿体基因片段*rps4*开展了鸢尾科系统发育研究，其结果显示鸢尾科为单系，并且支持折被鸢尾亚科的分类地位。但是Souza-Chines等人的研究选择了与鸢尾科亲缘关系较远的石蒜科（Amaryllidaceae）和龙舌兰科（Agavaceae）作为外类群，这可能会影响鸢尾科系统发育树拓扑结构。之后，Reeves等人（2001）基于4个叶绿体基因片段对鸢尾科开展了系统学研究，结果基本支持Goldblatt（1990）和Souza-Chies（1997）的观点，且研究结果还显示木鸢尾亚科为一个并系类群。

2008年，Goldblatt与Manning等人基于形态学特征和叶绿体基因数据，支持保留折被鸢尾亚科、鸢尾亚科、番红花亚科和木鸢尾亚科4个亚科，并建议新增玉鸢尾亚科（Geosiridoideae）、蓝星鸢尾亚科（Aristeoideae）和延龄鸢尾亚科（Patersonioideae）3个亚科，目前该系统被广泛采纳（表1）。折被鸢尾亚科仅有单种属折被鸢尾属，该属为鸢尾科基部群，为澳大利亚塔斯马尼亚地区特有，其形态学典型特征为子房上位，以此区别于子房下位的其他鸢尾科植物。分子钟数据表明折被鸢尾属与其他鸢尾科类群大约分化于晚白垩纪时期的7000万年前，当时的澳大利亚、南极洲和南美洲为一个整体，拥有相同的植物区系，因此推测折被鸢尾属为鸢尾科一古老孑遗属。其他6个亚科分为两个大支，一支为鸢尾亚科，另外一支包括番红花亚科、木鸢尾亚科、玉鸢尾亚科、蓝星鸢尾亚科和延龄鸢尾亚科5个亚科，后者以番红花亚科为核心。鸢尾亚科拥有5族30属约900种，鸢尾属、离被鸢尾属（*Dietes*）和肖鸢尾属（*Moraea*）等隶属该亚科，其主要特征为：聚伞花序；花柱3分枝，分枝多为花瓣状，柱头顶端具裂片，与花药背向而生；开花时通常产花蜜或油状物。番红花亚科拥有5族29属约1025种，番红花属、唐菖蒲属和香雪兰属等隶属该亚科，其典型特征包括：球茎，基部着生须根；花无柄，具2枚苞片；具花被管和蜜腺；花柱顶端3裂，极少合生；花粉外表面粗糙，极少出现网状脉纹，花粉孔通常有孔盖。延龄鸢尾亚科仅有延龄鸢尾属（*Patersonia*）1属约20种，主要分布于澳大利亚。延龄鸢尾属的典型特征为内轮花被片严重退化，花丝部分合生，花柱顶端3裂、下垂，花部特征形似延龄草（Goldblatt，2011）。玉鸢尾亚科仅有玉鸢尾属（*Geosiris*）1属2种，分布于非洲南部地区，其典型特征为无叶片、无叶绿素，营腐生生活。蓝星花亚科有蓝星鸢尾属（*Aristea*）约55种，广泛分布于撒哈拉以南非洲地区至马达加斯加地区，其典型特征为花被片基部合生，内外两轮花被片等大，花丝分离，柱头顶端有缺刻。木鸢尾亚科拥有3属15种，其植株为常绿灌木，花被片合生为花被管且明显伸出苞片外。

由于分类依据的不同，有关鸢尾科属的数量也一直存在争议。并且随着分子系统学研究进展以及物种不断被发现或归并，鸢尾科的物种数也一直在更新中。1970年，学术界认为鸢尾科种数约为1000种。至1990年和2000年，Goldblatt和Manning估算鸢尾科种数分别为1700种和1850种。Goldblatt和Manning（2008）在其著作 *The Iris Family: Natural History and Classification* 中提及鸢尾科种类有66属2025种。作者考虑到射干属植物与鸢尾属植物形态学差异明显，支持保持射干属的分类地位，因此总计为67属（表1）。

表1 鸢尾科分类系统

I 折被鸢尾亚科 Subfamily Isophysidoideae Takht. ex Thorne & Reveal（1属1种）

 i 折被鸢尾族 Tribe Isophysideae Hutch

  1 折被鸢尾属 Genus *Isophysis* T. Moore ex Seem.

II 鸢尾亚科 Subfamily Iridoideae Eaton（30属约900种）

 i 澳菖蒲族 Tribe Diplarreneae Goldblatt（1属2种）

  2 澳菖蒲属 Genus *Diplarrena* Labill.

 ii 鸢尾族 Tribe Irideae Kitt.（6属约508种）

  （i）鸢尾亚族 Subtribe Iridinae Pax

   3 鸢尾属 Genus *Iris* L.

   4 射干属 Genus *Belamcanda* Adans.

  （ii）金香鸢尾亚族 Subtribe Homeriinae Goldblatt

   5 离被鸢尾属 Genus *Dietes* Salisb. ex Klatt

   6 蔺鸢尾属 Genus *Bobartia* L.

   7 魔星兰属 Genus *Ferraria* Burm. ex Mill.

   8 肖鸢尾属 Genus *Moraea* Mill.

 iii 庭菖蒲族 Tribe Sisyrinchieae Klatt（6属175种）

  （i）丽白花亚族 Subtribe Libertiinae Pax

   9 丽白花属 Genus *Libertia* Spreng.

   10 晨鸢尾属 Genus *Orthrosanthus* Sweet

  （ii）庭菖蒲亚族 Subtribe Sisyrinchiinae Pax

   11 春钟花属 Genus *Olsynium* Raf.

   12 庭菖蒲属 Genus *Sisyrinchium* L.

   13 管蕊鸢尾属 Genus *Solenomelus* Miers

   14 卧鸢尾属 Genus *Tapeinia* Comm. ex Juss.

 iv 虎皮兰族 Tribe Tigridieae Kitt.（15属160种）

  （i）壶鸢花亚族 Subtribe Cipurinae Benth. & Hook. f.

   15 壶鸢花属 Genus *Cipura* Aubl.

   16 冠柱鸢尾属 Genus *Larentia* Klatt

   17 褶叶鸢尾属 Genus *Nemastylis* Nutt.

   18 杯鸢花属 Genus *Cypella* Herb.

   19 堇鸢尾属 Genus *Calydorea* Herb.

   20 瓶蕊鸢尾属 Genus *Herbertia* Sweet

（续）

　　　　　（ii）虎皮兰亚族 Subtribe Tigridiinae Pax
　　　　　　　21 旋桨鸢尾属 Genus *Alophia* Herb.
　　　　　　　22 红葱属 Genus *Eleutherine* Herb.
　　　　　　　23 笑面鸢尾属 Genus *Gelasine* Herb.
　　　　　　　24 岳鸢花属 Genus *Hesperoxiphion* Baker
　　　　　　　25 鞭柱鸢尾属 Genus *Mastigostyla* I. M. Johnst.
　　　　　　　26 锥鸢花属 Genus *Ennealophus* N. E. Br.
　　　　　　　27 短丝鸢尾属 Genus *Cobana* Ravenna
　　　　　　　28 喇叭鸢尾属 Genus *Salpinostylis* Small（中文名新拟）
　　　　　　　29 虎皮花属 Genus *Tigridia* Juss.
　　　v 豹纹鸢尾族 Tribe Trimezieae Ravenna.（3 属 42 种）
　　　　　30 巴西鸢尾属 Genus *Neomarica* Sprague
　　　　　31 黄扇鸢尾属 Genus *Trimezia* Salisb. ex Herb.
　　　　　32 金角鸢尾属 Genus *Pseudotrimezia* R. C. Foster
III 延龄鸢尾亚科 Subfamily Patersonioideae Goldblatt（1 属 21 种）
　　i 延龄鸢尾族 Tribe Patersonieae Baker
　　　　33 延龄鸢尾属 Genus *Patersonia* R. Br.
IV 玉鸢尾亚科 Subfamily Geosiridoideae Goldblatt & J. C. Manning（1 属 2 种）
　　i 玉鸢尾族 Tribe Geosirideae Bing Liu & Su Liu
　　　　34 玉鸢尾属 Genus *Geosiris* Baill.
V 蓝星鸢尾亚科 Subfamily Aristeoideae Vines（1 属 55 种）
　　i 蓝星鸢尾族 Tribe Aristeeae Baker
　　　　35 蓝星鸢尾属 Genus *Aristea* Aiton
VI 木鸢尾亚科 Subfamily Nivenioideae Wern. Schulze ex Goldblatt（3 属 15 种）
　　i. 木鸢尾族 Tribe Nivenieae Weim.
　　　　36 木鸢尾属 Genus *Nivenia* Vent.
　　　　37 金黛鸢尾属 Genus *Witsenia* Thunb.
　　　　38 彩木鸢尾属 Genus *Klattia* Baker
VII 番红花亚科 Subfamily Crocoideae Burnett（29 属 1025 种）
　　i 兰花鸢尾族 Tribe Tritoniopsideae Goldblatt & J. C. Manning（1 属 1 种）
　　　　39 兰花鸢尾属 Genus *Tritoniopsis* L. Bolus
　　ii 弯管鸢尾族 Tribe Watsonieae Klatt（8 属 111 种）
　　　（i）弯管鸢尾亚族 Subtribe Watsoniinae G. J. Lewis ex Goldblatt
　　　　　40 穗花鸢尾属 Genus *Micranthus* (Pers.) Eckl.
　　　　　41 沙葱鸢尾属 Genus *Thereianthus* G. J. Lewis
　　　　　42 浴火鸢尾属 Genus *Pillansia* L. Bolus
　　　　　43 弯管鸢尾属 Genus *Watsonia* Mill.
　　　（ii）长管鸢尾亚族 Subtribe Lapeirousiinae Goldblatt
　　　　　44 长管鸢尾属（拉培疏鸢尾属／拉培疏属） Genus *Lapeirousia* Pourr.
　　　　　45 瘤籽鸢尾属 Genus *Cyanixia* Goldblatt & J. C. Manning
　　　　　46 夕放鸢尾属 Genus *Savannosiphon* Goldblatt & Marais

（续）

    47 冠唇鸢尾属 Genus *Zygotritonia* Mildbr.
 iii 唐菖蒲族 Tribe Gladioleae Dumort.（2 属 260 种）
    48 尖瓣菖蒲属 Genus *Melasphaerula* Ker Gawl.
    49 唐菖蒲属 Genus *Gladiolus* L.
 iv 香雪兰族 Tribe Freesieae Goldblatt & J. C. Manning（4 属 26 种）
    50 兜帽鸢尾属 Genus *Xenoscapa* (Goldblatt) Goldblatt & J. C. Manning
    51 香雪兰属（小苍兰属）Genus *Freesia* Eckl. ex Klatt
    52 轮蕊鸢尾属 Genus *Devia* Goldblatt & J. C. Manning
    53 雄黄兰属 Genus *Crocosmia* Planch.
 v 谷鸢尾族 Tribe Ixieae Dumort.（14 属 595 种）
  （i）番红花亚族 Subtribe Crocinae Benth. & Hook. f.
    54 美冠鸢尾属 Genus *Radinosiphon* N. E. Br.
    55 沙丽花属 Genus *Romulea* Maratti.
    56 番红花属 Genus *Crocus* L.
    57 岩娇花属 Genus *Afrocrocus* J. C. Manning & Goldblatt
    58 丁香鸢尾属 Genus *Syringodea* Hook. f.
  （ii）夜鸢尾亚族 Subtribe Hesperanthinae Goldblatt
    59 夜鸢尾属 Genus *Hesperantha* Ker Gawl.
    60 酒杯花属 Genus *Geissorhiza* Ker Gawl.
  （iii）谷鸢尾亚族 Subtribe Ixiinae G. J. Lewis ex Goldblatt
    61 豁裂花属 Genus *Chasmanthe* N. E. Br.
    62 狒狒草属（穗花溪荪属）Genus *Babiana* Ker Gawl. ex Sims
    63 双星鸢尾属 Genus *Duthieastrum* M. P. de Vos
    64 魔杖花属 Genus *Sparaxis* Ker Gawl.
    65 漏斗鸢尾属 Genus *Dierama* K. Koch
    66 观音兰属 Genus *Tritonia* Ker Gawl.
    67 谷鸢尾属 Genus *Ixia* L.

注：（1）本表参考 Goldblatt 和 Manning（2008），中文名参考《中国植物志》和多识植物百科；
  （2）本书将射干属处理为单独的属。

  鸢尾属是鸢尾科模式属，也是鸢尾科中最大的属，狭义上的"鸢尾"就是指该类植物。鸢尾属分类学研究一直是鸢尾科研究的重点与热点。18 世纪，C. Linnaeus 首次建立了鸢尾属。1913 年，W. R. Dykes 在其著作中对一些鸢尾种进行详细描述，并提供了相应的栽培方法。1930 年和 1953 年，L. Diels 和 G. H. M. Lawrence 先后对 Dykes 的鸢尾属分类系统进行了修订。1964 年，G. I. Rodionenko 依据鸢尾属植物种子萌发生物学特征重新设立了一个鸢尾属分类系统。1981 年，B. F. Mathew 在前人的基础上又对鸢尾属植物分类系统进行了修订，该系统是目前广泛认可的经典分类系统。1997 年，英国鸢尾协会编著的 *A Guide to Species Irises: Their Identification and Cultivation* 以 Mathew（1981）分类系统为基础，介绍了整个鸢尾属不同种分类地位、形态学特征、鉴定要点和栽培要点。

  我国境内自然分布的鸢尾科植物绝大多数为鸢尾属植物。中国对于鸢尾属植物研究起步较晚。1936 年，刘瑛发表于《中国植物学杂志》上的《中国之鸢尾》记载了鸢尾属植物 35 种。1985 年，中国鸢尾属分类学研究的奠基人——赵毓棠在《中国植物志》（第 16 卷）中对此前中国产已发表的鸢尾属植物和新发现种、变种或变型进行了描述，提到国产鸢尾属植物总计60种、13变种和5变型，其中包括德国鸢尾（*I. germanica*）、香根鸢尾、西伯利亚鸢尾（*I. sibirica*）、变色鸢尾（*I. versicolor*）和黄菖蒲（*I. pseudacorus*）5个外来种。结合中国鸢尾属种质资源特征，赵毓棠根据G. I. Rodionenko（1964）分类系统构建了中国鸢尾属分类系统（表3）。1996年，美国学者J. W. Waddick与赵毓棠合作，发表了第一部中国鸢尾属植物英文专著*Iris of China*，其中涉及我国产鸢尾属植物总计60种。2001年，赵毓棠与英国学者H. J. Noltie、B. F. Mathew合作，在英文版中国植物志（*Flora of China*）第21卷中合并了部分国产鸢尾种，提到国产野生鸢尾属植物总计58种，其中21种为中国特有。这些专著在不断推动中国鸢尾属分类学研究。但是，迄今为止并未有人对中国野生鸢尾属植物进行过系统的调查、收集工作。

此外，《中国植物志》中赵毓棠系统（1985）参考G. I. Rodionenko（1964）系统，因此鸢尾属不涉及球根类的相关种类。但是《新疆植物志》（第6卷）（1996）记载中国境内分布有1种球根类鸢尾属植物——剑鸢尾（*I. kolpakowskiana*）。同时，近年来国内多家单位开始从欧美引进球根类鸢尾，并已将之应用于园林绿化中。因此，本书提及的鸢尾属分类系统及种类编排顺序主要参考B. F. Mathew（1981）系统，兼顾赵毓棠（1985）系统，先将种类按亚属分类排序，亚属内按拉丁名排序。

表2　鸢尾属分类系统（Mathew，1981）

Iris L.

I. 须毛状附属物亚属 Subgenus *Iris* Mathew

 1. Section *Iris* Mathew

 2. Section *Psammiris* (Spach) J. Taylaor

 3. Section *Oncocyclus* (Siemssen) Baker

 4. Section *Regelia* Lynch

 5. Section *Hexapogon* (Bunge) Baker

 6. Section *Pseudoregelia* Dykes

II. 无须毛状附属物亚属 Subgenus *Limniris* (Tausch) Spach

 1. Section *Lophiris* (Tausch) Tausch

 2. Section *Limniris* Tausch

  a. Series *Chinenses* (Diels) Lawr.

  b. Series *Vernae* (Diels) Lawr.

  c. Series *Ruthenicae* (Diels) Lawr.

  d. Series *Tripetalae* (Diels) Lawr.

  e. Series *Sibiricae* (Diels) Lawr.

  f. Series *Californicae* (Diels) Lawr.

  g. Series *Longipetalae* (Diels) Lawr.

  h. Series *Laevigatae* (Diels) Lawr.

  i. Series *Hexagonae* (Diels) Lawr.

  j. Series *Prismaticae* (Diels) Lawr.

  k. Series *Spuriae* (Diels) Lawr.

  l. Series *Foetidissimae* (Diels) Lawr.

  m. Series *Tenuifoliae* (Diels) Lawr.

  n. Series *Ensatae* (Diels) Lawr.

  o. Series *Syriacae* (Diels) Lawr.

  p. Series *Unguiculares* (Diels) Lawr.

III. 尼泊尔鸢尾亚属 Subgenus *Nepalensis* (Dykes) Lawr.

IV. 西班牙鸢尾亚属 Subgenus *Xiphium* (Miller) Spach

V. 朱诺鸢尾亚属 Subgenus *Scorpiris* Spach

VI. 网脉鸢尾亚属 Subgenus *Hermodactyloides* Spach

表3　中国鸢尾属分类系统（赵毓棠，1985）

I. 鸡冠状附属物亚属 Subgenus *Crossiris* Spach
II. 须毛状附属物亚属 Subgenus *Iris* L.
III. 无附属物亚属 Subgenus *Limniris* (Tausch) Spach
IV. 尼泊尔鸢尾亚属 Subgenus *Nepalensis* (Dykes) Lawr.
V. 野鸢尾亚属 Subgenus *Pardanthopsis* (Hance) Baker
VI. 琴瓣鸢尾亚属 Subgenus *Xyridion* (Tausch) Spach

二、鸢尾科种质资源概况

鸢尾科是单子叶植物中最大的科之一，总计约67属2025种，广泛分布于世界各大洲，多样性分布中心为非洲撒哈拉地区和非洲南部地区（Goldblatt和Manning，2008）。有1000余种鸢尾科植物为非洲南部地区特有种，这些种类占非洲南部地区植物种类总数的5%。鸢尾属和番红花属是欧亚大陆植物区系的重要组成，鸢尾属和庭菖蒲属是北美植物区系的重要代表，唐菖蒲属和肖鸢尾属则是撒哈拉地区和非洲南部植物区系的主要组成。

鸢尾科7个亚科主要分布情况如下。

（1）折被鸢尾亚科主要分布于澳大利亚塔斯马尼亚岛的荒野中。

（2）鸢尾亚科分布于各大洲。其中鸢尾属是鸢尾科最大的属，拥有280~300种，主要分布于北半球温带地区，集中分布于欧亚大陆和北美洲。庭菖蒲属主要分布于南美洲和中美洲，但有1种分布于北美洲东北部格陵兰岛。离被鸢尾属主要分布于非洲东部和南部地区，但有1种分布于澳大利亚的豪勋爵岛屿上。肖鸢尾属主要分布于非洲亚撒哈拉地区，集中分布于非洲南部的纳米比亚和伊丽莎白港，有2种分布于地中海地区和中东地区。管蕊鸢尾属（*Solenomelus*）仅分布于南美洲安第斯山脉，卧鸢尾属（*Tapeinia*）主要分布于南美洲的阿根廷和智利，晨鸢尾属（*Orthrosanthus*）分布于南美洲安第斯山脉至中美地区以及澳大利亚，丽白花属（*Libertia*）分布于澳大利亚、新几内亚、新西兰和南美洲安第斯山脉。春钟花属（*Olsynium*）分布于南美洲地区，有1种分布于南大西洋的马尔维纳斯群岛。笑面鸢尾属（*Gelasine*）和瓶鸢花属（*Herbertia*）为非洲南部特有属，杯状花鸢尾属（*Hesperoxiphion*）和鞭柱鸢尾属（*Mastigostyla*）为安第斯山脉特有属。长柱鸢尾属（*Ainea*）和无丝鸢尾属（*Sessilanthera*）分布于中美和墨西哥北部。

（3）番红花亚科大部分属分布于非洲地区。也有一些属分布范围较广，比如番红花属分布于欧洲和喜马拉雅山脉西部，唐菖蒲属和沙红花属（*Romulea*）分布于地中海地区和中东地区。冠唇鸢尾属（*Zygotritonia*）和夕放鸢尾属（*Savannosiphon*）为热带非洲特有属。狒狒草属（*Babiana*）、谷鸢尾属（*Ixia*）、魔杖花属（*Sparaxis*）、酒杯花属（*Geissorhiza*）和兰花鸢尾属（*Tritoniopsis*）集中分布于南部非洲的西部，该地区冬季降雨丰富。

（4）延龄鸢尾亚科主要分布于澳大利亚，分布中心为澳大利亚西部，通常生长于贫瘠的砂土中。

（5）蓝星鸢尾亚科广泛分布于非洲和马达加斯加，集中分布于南部非洲的山地中，喜生长在排水良好和养分丰富的土壤中。

（6）玉鸢尾亚科为马达加斯加地区中部和西部所特有，营腐生生活。

（7）木鸢尾亚科主要分布于开普敦和南非的西南地区，主要生长于岩石或砂质土中，少数种类生长于湿地中。

我国有野生分布的鸢尾科仅有鸢尾属、射干属和番红花属3属，但是雄黄兰属、香雪兰属、唐菖蒲属、离被鸢尾属、肖鸢尾属、庭菖蒲属、魔杖花属和虎皮花属（*Tigridia*）等植物在我国多地有引种栽培。

三、鸢尾科植物观赏价值及园林应用

鸢尾科植物种类极其丰富，生态类型多样，花型奇特且富于变化，花色极为丰富，有不同深浅的红色、橙色、黄色、绿色、蓝色、紫色、白色、黑色，甚至有2~3种颜色组合的混色，是一类非常重要的园艺植物，可用于园林绿化，也可用于切花生产。

鸢尾属植物栽培历史悠久，最早可以追溯到3000多年前的小亚细亚地区，该属育种工作最早开始于17世纪，现有园艺品种超过7万个，而且新品种每年以数千增加（胡永红和肖月娥，2012；肖月娥和胡永红，2018）。有髯鸢尾、日本鸢尾（花菖蒲）、西伯利亚鸢尾和路易斯安那鸢尾等鸢尾属代表园艺类群，广泛应用于从亚热带至寒带地区的主题花园、花境、花坛、水景或盆栽等不同绿化形式。18世纪末期，英国、法国和比利时等欧洲国家的一些园艺公司就开始了对唐菖蒲属植物的栽培驯化与杂交育种工作。19世纪末期人们将香雪兰（*Freesia refracta*）与柠檬香雪兰（*F. leichtlinii*，新拟）杂交，获得了花香馥郁的香雪兰园艺种。至20世纪初，多花香雪兰（*F. corymbosa*，新拟）又参与了杂交，获得了粉色和红色的丰花型香雪兰品种。番红花属园艺品种也非常丰富，植株矮小，可在园林中片植或丛植观赏，还可盆栽观赏。雄黄兰属植物花色艳丽，耐湿热，花期长，广泛应用于世界各地的园林和切花生产中。双色离被鸢尾（*Dietes bicolor*）和非洲鸢尾（*D. iridioides*）叶片常绿，花量大、花期长，在热带至亚热带地区的园林中较为常见。荷兰鸢尾、唐菖蒲和香雪兰等都是世界著名的切花植物。

近年来，随着家庭园艺的兴起，肖鸢尾属和魔杖花属等鸢尾科植物因株型小巧、花色瑰丽、花型奇异而受到众多花卉爱好者的青睐。

四、鸢尾科植物药用价值

一些鸢尾科植物含有丰富的化学成分，在世界各地被广泛用于治疗炎症、细菌和病毒感染等疾病（孟凡虹 等，2016）。番红花的花柱在采收晒干后便是人们常提到的藏红花（saffron），它具有改善视力、避孕、促产以及避免动脉硬化等功效（Terrence和Bendersky，2004）。番红花还可用作染料或食品天然色素。早在公元前16世纪米诺斯时期，克里特岛上的人们就开始栽培番红花，现在该种已在欧洲、地中海、印度和中国等地区被广泛栽培。射干、鸢尾（*I. tectorum*）和马蔺（*I. lactea* var. *chinensis*）是我国传统中药，这些种类的根茎内所含主要化学成分为黄酮类化合物，具有清热解毒、利咽消痰、消积和泻下等作用（束盼和秦民坚 等，2008）。中国特有种单苞鸢尾（*I. anguifuga*），俗名蛇不见，其根状茎在民间用作蛇药。而黄菖蒲、红籽鸢尾（*I. foetidissima*）和蛇头鸢尾（*I. tuberosa*）则是欧洲地区传统草药。香根鸢尾的根茎中含有鸢尾酮，可提炼精油或化妆品添加剂。肖鸢尾属和长管鸢尾属（*Lapeirousia*）部分种类的根茎富含淀粉，是非洲地区一些原始部落的传统食物。

五、鸢尾科植物栽培与繁殖

鸢尾科植物种类丰富，生态类型多样，不同种类其繁殖与栽培养护方法也不一样。总体上，鸢尾科植物可以通过种子或营养体进行繁殖。鸢尾科植物蒴果内含数枚种子，当果实逐渐膨大且果皮由绿色转变成黄褐色时即可采收。将成熟的种子用湿沙层积冷藏（约5℃），在当年秋季或次年春季进行播种，可以获得新的植株。通过种子进行繁殖的方式具有繁殖系数大、实生苗抗逆性强和易驯化等优点。但是种子繁殖的方式易导致园艺品种性状分离，因此这种方式通常用于重要野生种质的驯化或重要园艺植物的杂交育种。

在园林应用上，鸢尾科植物一般采用无性繁殖方式进行生产。鸢尾科植物地下部分通常具根状茎、球茎或鳞茎3种不同形态，这决定了它们分株繁殖的季节和方式。以上海地区为例，鸢尾属的日本鸢尾、西伯利亚鸢尾、路易斯安那鸢尾等最佳分株时间在花期后（6月）或秋季（9~10月），但鸢尾属中的有髯鸢尾类群则适合在夏季至秋季霜冻前（8~10月）进行分株移栽。雄黄兰、香雪兰、唐菖蒲、肖鸢尾、虎皮花等种类具有球茎，红葱具有鳞茎。每年花后，球茎或鳞茎基部或侧部都会形成新的球茎或鳞茎，可以用于无性繁殖。多数具有球茎或鳞茎的鸢尾科植物可以在秋季至初冬（9~11月）进行栽培。但唐菖蒲按照萌发季节的不同栽植时间不同，分为春植和秋植2个类群。

多数鸢尾科植物都喜阳光充足。因此栽培地应选择在避风向阳、水源充足、易于排灌的区域，以壤土或中等黏壤土为宜。也有少数鸢尾科植物能够适应半阴或全阴环境，比如鸢尾属中的蝴蝶花（*I. japonica*）和鸢尾（*I. tectorum*）等种。不同属或属内不同类群对于土壤酸碱度的适应性也不同，比如日本鸢尾喜酸性土壤（pH 5.0~7.0），有髯鸢尾喜中性至碱性土壤（pH 6.5~8.0）。鸢尾科不同种类的栽培方法在本书各论中有详细的介绍。

各论
Genera and Species

鸢尾科

IRIDACEAE, Juss., Gen. Pl. 57. 1789

多年生草本，稀灌木、一年生草本或腐生草本。地下部分通常具根状茎、球茎或鳞茎。叶多基生，少为茎生，扁平，条形、剑形或为丝状，少数种横切面为槽式或方形，基部成鞘状，互相套迭，具平行脉。多数种类无地上茎，只有花茎；少数种类有地上茎，有分枝或不分枝。花两性，美丽，辐射对称，少为左右对称，单生、数朵簇生或多花排列成总状、穗状、聚伞及圆锥花序；花或花序下有1至多个草质或膜质的苞片，簇生、对生、互生或单一；花被裂片6，两轮排列，内轮裂片与外轮裂片同形等大或不等大，花被管通常为丝状或喇叭形；雄蕊3，花药多外向开裂；花柱1，上部多有3个分枝，分枝圆柱形或扁平呈花瓣状，柱头3~6。折被鸢尾为子房上位，其余鸢尾科植物均为子房下位，3室，中轴胎座，胚珠多数。蒴果，成熟时室背开裂；种子多数，半圆形或为不规则的多面体，少为圆形，扁平，表面光滑或皱缩，常有附属物或小翅。约有67属2025种，广泛分布于全世界的热带、亚热带及温带地区，其多样性分布中心为非洲亚撒哈拉地区和非洲南部。中国野生的3属，主要为鸢尾属植物，多数分布于中国的西南、西北及东北地区。中国引种栽培的至少8属。

本科植物以生态类型多样、花色多彩、花形奇特著称,种类繁多,栽培历史悠久,在园艺学上占有重要地位。鸢尾、唐菖蒲和香雪兰等是世界著名的花园植物和切花植物。射干、鸢尾和单苞鸢尾的根状茎及番红花的花柱和柱头为传统草药,红葱的鳞茎、唐菖蒲和雄黄兰的球茎在民间也常用作草药。马蔺可用于水土保持和盐碱土改良,叶可作饲料,并可用于造纸和编织,根可制刷子,花和种子可入药。玉蝉花、燕子花和溪荪等种类可用于湿地修复和水体净化。香雪兰的花和香根鸢尾的根状茎可提取精油,用于制造化妆品,或作为酒、药品的矫味剂以及香料的调香、定香剂。番红花的花柱既可入药,也可提取染料——番红,是一种天然的食用色素。某些鸢尾属植物的种子还含有大量油脂,可作工业原料。

本科的模式属:鸢尾属 *Iris* L.。

分属检索表

1a 花两侧对称；花被管弯曲；雄蕊偏向花的一侧。（2）
1b 花辐射对称；花被管不弯曲；雄蕊不偏向花的一侧。（5）
2a 花茎不分枝。（3）
2b 花茎上部有2~4个分枝。（4）
3a 花直径5~8cm，上面3枚花被裂片较宽大 ··· 8. 唐菖蒲属 *Gladiolus*
3b 花直径1~1.5cm，上面1枚花被裂片长出其他花被裂片 ······························· 2. 豁裂花属 *Chasmanthe*
4a 花柱3分枝 ··· 3. 雄黄兰属 *Crocosmia*
4b 花柱顶端有3分枝，每分枝再2裂，柱头6 ·· 7. 香雪兰属 *Freesia*
5a 花丝与花柱基部合生。（6）
5b 花丝与花柱基部离生。（7）
6a 叶片坚韧，草质，基部木质化 ·· 5. 离被鸢尾属 *Dietes*
6b 叶片柔软，草质，基部非木质化 ··· 10. 肖鸢尾属 *Moraea*
7a 花柱3分枝扁平，花瓣状 ··· 9. 鸢尾属 *Iris*
7b 花柱3浅裂或3分枝，不为花瓣状。（8）
8a 地下部分为根状茎。（9）
8b 地下部分为鳞茎或球茎。（10）
9a 根状茎明显；花直径2.5cm以上；蒴果椭圆形或倒卵形 ··································· 1. 射干属 *Belamcanda*
9b 根状茎不明显，仅见须根；花直径0.8~1cm；蒴果圆球形 ····························· 11. 庭菖蒲属 *Sisyrinchium*
10a 地下茎为鳞茎，鳞片红色，肉质，肥厚 ··· 6. 红葱属 *Eleutherine*
10b 地下茎为球茎，花茎甚短，不伸出地面；花被管细长 ·· 4. 番红花属 *Crocus*

射干属

Belamcanda Adans., Fam. Pl. 2: 60, 524. 1763, nom. cons.

多年生直立草本。根状茎为不规则的块状。茎直立，实心。叶剑形，扁平，互生，嵌迭状2列。二歧状伞房花序顶生；苞片小，膜质；花橙红色、橘色或黄色；花被管甚短，花被裂片6，2轮排列，外轮的略宽大；雄蕊3，着生于外轮花被的基部；花柱圆柱形，柱头3浅裂，子房下位，3室，中轴胎座，胚珠多数。蒴果倒卵形，黄绿色，成熟时3瓣裂；种子球形，黑色，有光泽，着生在果实的中轴上。全世界有2种，分布于亚洲东部。我国分布1种。

1
射干

别名： 交剪草、野萱花

Belamcanda chinensis (L.) DC.

Belamcanda chinensis var. *curtata* Makino, *Belamcanda chinensis* f. *flava* Makino, *Belamcanda chinensis* var. *taiwanensis* S. S. Ying, *Belamcanda chinensis* f. *vulgaris* Makino, *Iris domestica* (L.) Goldblatt & Mabb.

本种花柱上部稍扁，顶端3浅裂，该特征明显有别于鸢尾属植物花柱分枝花瓣状的特征，因此本书支持将射干独立为属。

自然分布

产中国吉林、辽宁、河北、山西、山东、河南、安徽、江苏、浙江、福建、台湾、湖北、湖南、江西、广东、广西、陕西、甘肃、四川、贵州、云南、西藏。也产朝鲜、日本、印度、越南和俄罗斯。

迁地栽培形态特征

多年生草本植物，高100~150cm。

根状茎 不规则的块状，斜伸。

叶 互生，嵌迭状排列，剑形，长20~60cm，宽2~4cm，基部鞘状抱茎，无中脉。

花茎 高100~150cm。花序顶生，叉状分枝，每分枝的顶端聚生有数朵花；花梗细，长约1.5cm；花梗及花序的分枝处均包有膜质的苞片。

花 橙红色、橘色或浅黄色，散生紫褐色的斑点，直径4~5cm。花被裂片6，2轮排列，外轮花被裂片倒卵形或长椭圆形，长约2.5cm，宽约1cm，基部楔形；内轮较外轮花被裂片略短而窄；雄蕊3，长1.8~2cm，着生于外花被裂片的基部，花药条形，外向开裂，花丝近圆柱形，基部稍扁而宽；花柱顶端3浅裂，裂片边缘略向外卷，有细而短的毛；子房倒卵形。

果 倒卵形或长椭圆形，长2.5~3cm，直径1.5~2.5cm，顶端无喙，成熟时室背开裂，果瓣外翻，中央有直立的果轴。种子圆球形，黑色，有光泽，直径约5mm，着生在果轴上。

引种信息

昆明植物园 2005年于贵州植物园引种植株5株（无引种号）；2016年于云南省文山壮族苗族自治州广南县黑支果乡引种植株5株（引种号2016-08-015）。

上海辰山植物园 2016年于湖北省引种植株5株（引种号20160451）。

上海植物园 2017年于江苏省无锡市安利（中国）植物研发中心引种种子2000粒（引种号SHBGIridaceae201701）；2018年于河北省唐山市引种植株1株（引种号SHBGIridaceae201801）。

沈阳农业大学 2011年于辽宁省沈阳市植物园引种植株5株（引种号YW121）。

物候信息

本种通常在上午6:00~8:00开花，当天下午17:00左右闭合，单朵花花期1天。但是开花量大，整体花期长。

昆明植物园 花期6~7月，果期7~9月。

上海辰山植物园 花期6~8月，果期7~9月。

上海植物园 花期6~8月，果期7~9月。
沈阳农业大学 花期6~7月，果期7~9月。

迁地栽培要点

生于向阳的高山草地、坡地及石质山坡。耐寒、耐干旱、耐盐碱，不耐湿，喜向阳和排水良好的环境。在上海地区，9月采收种子后直接播种，覆土约1cm，保持湿润，2~3周后即可萌发。

主要用途

观赏。可与野鸢尾（*I. dichotoma*）杂交，培育糖果鸢尾园艺品种。

根状茎药用，味苦、性寒、微毒。能清热解毒、散结消炎、消肿止痛、止咳化痰，用于治疗扁桃腺炎及腰痛等症。

花序

花

花

花

果与种子

豁裂花属

Chasmanthe N. E. Br., Trans. Roy. Soc. South Africa 20 (3): 272–274. 1932

多年生草本。地下部分为球茎，外具纸质或粗糙的纤维状包被。叶基部包有膜质的鞘状叶，有明显的中脉。花茎基部的叶片互相套迭成扇形。花茎无分枝，或有少数分枝；花多数着生在花茎两侧；苞片绿色，成熟时顶端干枯；花两侧对称，橙色至深红色，无香味；花被管为圆柱形，有时为螺旋状，基部具有蜜腺；最上部花被片长于其他花被片；雄蕊沿上唇一侧上升，稍伸出；花丝细弱；花药与花丝平行，近"丁"字形；柱头顶端3裂，丝状；子房卵形，无柄。蒴果球形。种子圆球形，橘红色，鲜艳，新鲜时表面光滑，干燥后皱缩。

全世界有3种，分布于南非西南部，从开普敦西部、南部至纳马夸兰的沿海地区。常生长于灌木丛或林缘地带。

2 双色豁裂花

Chasmanthe bicolor (Gasp.) N.E.Br.
Antholyza aethiopica var. *bicolor* (Gasp.) Baker, *Antholyza aethiopica* var. *minor* Lindl., *Antholyza bicolor* Gasp., *Antholyza bicolor* Gasp. ex Vis., *Antholyza bicolor* Gasp. ex Ten, *Petamenes bicolor* (Gasp.) E. Phillips, *Petamenes bicolor* Phillips

自然分布

产南非西开普省。

迁地栽培形态特征

多年生草本植物，高100~120cm。

球茎 扁圆球形，直径约4.5cm，外包有棕色或黄棕色的膜质包被。

叶 基生或在花茎基部互生，剑形，长40~75cm，宽1.5~3cm，基部鞘状，顶端渐尖，嵌迭状排成2列，灰绿色，有数条纵脉及1条明显而突出的中脉。

花茎 直立，高100~120cm，无分枝，花茎下部生有数枚互生的叶；顶生穗状花序，长60~70cm，花下有黄绿色膜质苞片，卵形或宽披针形，长4~5cm，宽1.8~3cm，中脉明显。

花 两侧对称，花被裂片6，上下排列，最上面1枚内花被裂片长于其他花被裂片，上列花被片为橘红色，下列花被片为黄绿色；整朵花长约5.5cm，其中花被管长2.2~3cm，基部螺旋状扭曲；雄蕊沿上唇一侧上升，稍伸出；花丝细弱；花药3，与花丝平行，近"丁"字形；柱头顶端3裂，丝状；子房椭圆形，绿色，3室，中轴胎座，胚珠多数。

果 圆球形，成熟时顶端开裂。新鲜的种子圆球形，表皮光滑，橘红色，直径约4mm。

引种信息

上海植物园 引种信息缺失，现在栽植于科研引种基地。

物候

上海植物园 花期3月，果期4~5月。7~8月进入休眠期。9月萌发新叶。

迁地栽培要点

喜全日照或半遮阴，土壤需疏松、排水性良好。通常在秋季利用球茎进行分株繁殖。

主要用途

早春开花，叶丛优美，可用于观赏。

植株

花序

果和种子

雄黄兰属

Crocosmia Planch., Fl. des Serres Ser. I, vii. 161. 1851-1852

多年生草本。地下部分为球茎，外包有网状的膜质包被。花茎直立，上部有2~4个分枝。叶剑形或条形，嵌迭状排成2列。圆锥花序；花下苞片膜质，顶端有缺刻；花两侧对称，有橙黄色、红色和黄色；花被裂片6，长圆形或倒卵形，有时内花被裂片最上面一片略大，部分种的外花被裂片上常生有胼胝体或隆起；雄蕊3，常偏生于花的一侧，花丝着生在漏斗形的花被管上；子房下位，3室，中轴胎座，柱头3裂。蒴果长大于宽，室背开裂，每室有4至多数种子。全世界约8种，

3 雄黄兰

Crocosmia × crocosmiiflora (Lemoine) N. E. Br.
Crocosmia × latifolia N. E. Br., *Montbretia × crocosmiiflora* Lemoine, *Tritonia × crocosmiiflora* (Lemoine) G. Nichols.

自然分布

本杂交种是1880年法国人V. Lemoine利用金黄臭藏红花（*Crocosmia aurea*）和窄叶雄黄兰（*C. pottsii*，中文名新拟）获得的杂交种，在我国热带和亚热带地区广泛栽培，常逸为半野生。

迁地栽培形态特征

多年生草本植物，丛生，高50~130cm。

球茎 扁圆球形，直径约1.2cm，外包有棕褐色网状的膜质包被。

叶 基生，剑形，长40~60cm，基部鞘状，顶端渐尖，中脉明显；茎生叶较短而狭窄，披针形。

花茎 2~4分枝，高100~130cm，由多花组成疏散的穗状花序。

花 两侧对称，橙红色，直径3.5~5cm；基部有2枚膜质的苞片；花被管略弯曲，花被裂片6，近于等大，披针形或倒卵形，长约2cm，宽约5mm；雄蕊3，长1.5~1.8cm，偏向花的一侧，花丝着生在花被管上，花药"丁"字形着生；花柱长2.8~3cm，顶端3裂，柱头略膨大。

果 三棱状球形。成熟的新鲜种子紫黑色，圆球形，表面光滑，直径3.5~4mm。

引种信息

昆明植物园 引种信息缺失。

上海辰山植物园 引种信息缺失，栽植于矿坑花园。

上海植物园 引种信息缺失，栽植于草药园、花境中。

物候信息

昆明植物园 花期7~8月，果期9月。

上海辰山植物园 花期6月下旬至7月下旬，果期8~9月。

上海植物园 花期6月下旬至7月下旬，果期8~9月。

迁地栽培要点

喜生长于向阳的坡地，在长江以南地区可露地栽培，在北方栽培冬季需要保温措施。种子在室温不低于5℃下环境下保持遮光和湿润条件即可萌发。生产上通常利用球茎在秋季进行分球繁殖，种球栽培深度约3cm、栽培间距约15cm。

主要用途

仲夏开花，开花量大，花期长，花色艳丽，可用于花境、花坛造景，也可用于切花生产。球茎有小毒，可入药，治全身筋骨疼痛、各种疮肿、跌打损伤、外伤出血及腮腺炎等症。

番红花属

Crocus L., Sp. Pl. 1: 36. 1753.

多年生草本。球茎圆球形或扁圆形,外具膜质、纸质或革质的包被,基部着生须根。叶丛生,条形,与花同时生长或于花后伸长,不互相套迭,叶基部包有膜质的鞘状叶。花茎甚短,不伸出地面。花辐射对称,浅盘形或漏斗形,白色、粉红色、黄色、淡蓝色或蓝紫色;花被管细长,圆柱形;花被裂片6,2轮排列,内、外轮花被几乎等大,有些种类内轮花被片直立,较外轮花被片小;雄蕊3,花丝细弱,花药线形,纵向开裂;花柱1,上部3分枝,柱头楔形或略膨大,子房下位,3室,中轴胎座,胚珠多数。蒴果小,卵圆形,成熟时室背开裂。

全世界约80种,主要分布于欧洲、地中海、中亚和西亚地区。中国分布1种白番红花(新疆野百合)(*Crocus alatavicus* Semenov & Regel.)。

分种检索表

春季开花···5. 荷兰番红花 *C. vernus*
秋季开花···4. 番红花 *C. sativus*

4
番红花

别名： 藏红花、西红花

Crocus sativus L.

Crocus sativus var. *cashmerianus* Royle, *Crocus sativus* var. *officinalis* L., *Crocus sativus* var. *orsinii* (Parl.) Maw, *Crocus sativus* subsp. *orsinii* (Parl.) K.Richt.

花

自然分布

产欧洲南部，在伊朗、西班牙、法国和中国等地有栽培。

迁地栽培形态特征

多年生草本植物，高 15~20cm。

球茎 扁圆球形，直径约 3cm，外有黄褐色的膜质包被。

叶 基生，9～15枚，条形，无明显中脉，中央略凹陷，背面灰绿色，边缘反卷。基部包有4～5片膜质的鞘状叶。花期长8～10cm，宽2～3mm。果期长15～20cm。

花茎 甚短，不伸出地面。

花 红紫色，有香味，直径2.5～3cm。花被裂片6，2轮排列，内、外轮花被裂片皆为倒卵形，顶端钝，长4～5cm；雄蕊3，长2.5cm，花药黄色，顶端尖，略弯曲；花柱橙红色，长约4cm，上部3分枝，分枝弯曲而下垂，柱头略扁，顶端楔形，有浅齿，较雄蕊长，子房狭纺锤形。

果 不结果。

引种信息

上海植物园 2017年引种自上海市崇明区瀛洲西红花种植专业合作社。

物候

上海植物园 花期10月，不结果。

迁地栽培要点

喜冷凉湿润和半阴环境，喜腐殖质丰富的砂壤土。大规模生产时通常采用"水稻–番红花"轮作模式，即11月至翌年5月种植番红花种球。通常在5月初采收种球，储藏于阴凉处，10月下旬开花时采收花柱。11月下旬再将种球进行露地栽培。

主要用途

观赏。花柱及柱头供药用，即藏红花。味辛、性温，有活血、化瘀、生新、镇痛、健胃、通经之效。

植株

采收的花柱及柱头

5
荷兰番红花

Crocus vernus (L.) Hill

荷兰番红花园艺品种'花记录'（*C. vernus* 'Flower Record'）

自然分布

产阿尔卑斯山、比利牛斯山和巴尔干半岛，是园艺品种群荷兰番红花的主要亲本之一，品种极为丰富。本书描写的是荷兰番红花园艺品种。

迁地栽培形态特征

多年生草本植物，高15～20cm。

球状 扁圆球形，直径约2cm，外有黄褐色的膜质包被。根细弱，黄白色，着生于球茎下部。

🍃 6~8枚，狭线形，有银白色条纹，背面浅绿色，花期长8~10cm，宽约2mm，果期可长达15~20cm，宽约5mm。

🌱 花茎 短小，不伸出地面，有膜质苞片。

🌸 花 紫色、白色等；花被管细长，长4~6cm；花被裂片6，2轮排列，狭倒卵形，外花被片长约2cm，宽1.5cm，内花被裂片略小；花柱1，3个分枝，橘红色，顶端楔形；雄蕊长约2.5cm，花药橘黄色，长约1.5mm。

🍎 果 不结果。

引种信息

上海植物园 2018年于荷兰Heemskerk公司引进种球100个（引种号Iridaceae201807）。

物候

上海植物园 花期2月下旬至3月，不结果。

迁地栽培要点

喜全日照或林缘环境。通常在秋季至初冬采收球茎进行分球繁殖。植株在开花后约1个月进入休眠期，地上部分开始消亡。上海地区可露地栽培。

主要用途

观赏。

荷兰番红花园艺品种'花记录'（*C. vernus* 'Flower Record'）

荷兰番红花品种'圣女贞德'（*C. vernus* 'Joan of Arc'）

荷兰番红花品种'花记录'（*C. vernus* 'Flower Record'）

球茎

离被鸢尾属

Dietes Salisb. ex Klatt, Linnaea 34 (5): 583. 1866. nom, cons.

多年生草本。地下部分为根状茎。叶片常绿，剑形或条形，革质，基部木质化。花被基部不形成花被管，外花被片楔形或狭卵形，顶端反折、平展，内外花被片相似但不等大；花丝基部常联合成管状；花柱分枝扁平，花瓣状，柱头生于花柱顶端裂片的基部。果实成熟时，胚珠的外珠被变成肉质。

全世界约6种，主要产于非洲南部，1种产于澳大利亚豪勋爵岛。中国长江以南地区常见栽培2种。

分种检索表

1a 叶无主叶脉，外轮花被片中脉上有鲜黄色毡绒状附属物·················· 7. 非洲鸢尾 *D. iridioides*
1b 叶有主叶脉，外轮花被片基部有黄色、黑色复色花斑·················· 6. 双色离被鸢尾 *D. bicolor*

6 双色离被鸢尾

Dietes bicolor (Steud.) Sweet ex Klatt
Iris bicolor Lindl., *Moraea bicolor* Steud.

植株

自然分布

产南非东开普省。

迁地栽培形态特征

多年生常绿草本，高80~120cm。

根状茎 短粗而肥厚，斜伸。

叶 基生，扁平，互相套迭，条形，基部鞘状，顶端渐尖，质地坚硬，革质，中脉明显，灰绿色，长70~120cm，宽1~1.5cm。

🌸 花茎　高50~70cm，上部有3~5个分枝，节明显，节上生有披针形抱茎的鞘状叶，叶长4~7cm；花下的苞片与鞘状叶相似，互生；每花茎分枝的顶端生2~3朵花。

🌸 花　黄白色，直径约6cm；无花被管，花被片6，2轮排列，外花被片卵圆形，长3~4cm，宽约3cm，顶端钝，爪部楔形，中脉上有黄色和黑色复合花斑；内花被片卵形，长约3cm，宽约2cm，爪部楔形；雄蕊长约1cm，花丝基部联合成筒，包住花柱；花柱上部有3个分枝，扁平，披针形，白色，顶端2裂，裂片三角形，边缘有稀疏的牙齿；子房狭倒卵形，基部略细，长约1cm。

🌸 果　卵球形，长2~3cm，直径1~2cm，顶端无喙，常残留有扁平的花被痕迹。

引种信息
上海植物园　2019年于上海上房园艺有限公司引种植株5株（引种号SHBGIridaceae201902）。

物候
上海植物园　花期6~8月，果期7~9月。

迁地栽培要点
喜全日照或稍微遮阴、排水良好的环境，耐湿热，耐贫瘠，不耐寒。在长江以南地区均可露地栽培。以上海地区为例，可以在9~11月进行分株繁殖。

主要用途
开花量大，花期长，适合绿地应用。

花

花序

7 非洲鸢尾

Dietes iridioides (L.) Sweet ex Klatt
Dietes iridioides (L.) Sweet

自然分布

产南非开普敦南部至埃塞俄比亚。

迁地栽培形态特征

多年生常绿草本，高约50cm。

根状茎 短粗而肥厚，斜伸。

叶 基生，扁平，互相套迭，条形，基部鞘状，顶端渐尖，质地坚硬，革质，叶脉不明显，灰绿色，长30~60cm，宽0.7~1.6cm。

花茎 高20~40cm，上部有1~2个分枝，节明显，节上生有披针形抱茎的鞘状叶，叶长40~70cm，顶端钝或突尖；花下的苞片与鞘状叶相似，互生；每花茎分枝的顶端生2~3朵花。

花 花白色或略带淡蓝色，直径约5.5cm；无花被管，花被片6，2轮排列，外花被片倒卵形或宽倒披针形，长5.5~6cm，宽约3cm，顶端钝，爪部楔形，中脉上有鲜黄色毡绒状的附属物；内花被片披针形，长约5cm，宽约2cm，爪部楔形；雄蕊长约2cm，花丝基部联合成筒，包住花柱；花柱上部有3个分枝，扁平，披针形，淡蓝紫色，顶端2裂，裂片三角形，边缘有稀疏的牙齿；子房狭倒卵形，基部略细，长约1.5cm。

果 长椭圆形，长3~4cm，直径约1.5cm，顶端无喙，常残留有扁平的花被痕迹。种子棕褐色，扁平，椭圆形，长约4.5mm，宽2~3mm。

引种信息

昆明植物园 2014年于澳大利亚墨尔本植物园引种种子多数（引种号2014-7）。

上海辰山植物园 2015年引种自上海地产园林发展有限公司引种植株10株（引种号20151973）。

上海植物园 2019年于上海上房园艺有限公司引种植株5株（引种号SHBGIridaceae201901）。

物候

单朵花花期1天。

昆明植物园 花期5月下旬至7月上旬，果期6~9月。

上海辰山植物园 花期6月下旬至8月上旬，果期7~9月。

上海植物园 花期6月下旬至8月上旬，果期7~9月。

迁地栽培要点

喜全日照或稍微遮阴、排水良好的环境，耐湿热，耐贫瘠，不耐寒。在长江以南地区均可露地栽培。以上海地区为例，可以在9~11月进行分株繁殖。

主要用途

开花量大,花期长,适合园林应用。

外轮花被裂片中脉有毡绒状附属物

本属有2种，原产新热带大陆，包括南美次大陆、中美洲、西印度群岛和墨西哥南部。

红葱属

Eleutherine Herb., Edwards's Bot. Reg. 29: ad t. 57 (1843).

多年生草本。鳞茎卵圆形，直径约2.5cm，鳞片肥厚，紫红色，无包被。根柔嫩，黄褐色。叶宽披针形或宽条形，数条纵脉平行而突出，使叶表面呈现明显皱褶。花茎高30~42cm，上部有3~5个分枝，分枝处生有叶状的苞片，苞片长8~12cm，宽5~7mm；扇形聚伞花序生于花茎顶端；花下苞片2，绿色，卵圆形，外苞片为叶状或革质，内苞片为膜质；花辐射对称，白色，具香气，无明显的花被管，花被片6，2轮排列，内、外轮花被片近于等大，倒披针形，花梗短小；雄蕊3，花药"丁"字形着生，花丝着生于花被片的基部；花柱顶端3裂；子房下位，倒卵球形或长圆形，3室。

本属有2种，原产新热带大陆，包括南美次大陆、中美洲、西印度群岛和墨西哥南部。

8
红葱

Eleutherine bulbosa (Mill.) Urb.
Eleutherine plicata (Sw.) Herb., *Eleutherine plicata* Herb. ex Klatt

自然分布

产南美次大陆、中美洲、西印度群岛和墨西哥南部。

迁地栽培形态特征

多年生常绿草本植物，高20~40cm。

- **鳞茎** 卵圆形，直径约2.5cm。鳞片肥厚，紫红色，无膜质包被。基部着生柔嫩的根系，黄白色。
- **叶** 宽披针形或宽条形，长25~35cm，宽1.2~2cm，有4~5条平行而突出的纵脉，叶片表面褶皱。
- **花茎** 高30~42cm，顶端有3~5个分枝，分枝处生有苞片，苞片长8~12cm，宽5~7mm。
- **花** 具短柄，白色，花被管藏于苞片内，直径4.5~5cm，具香气。
- **果** 不结果。

引种信息

上海辰山植物园 2019年于云南省普洱市思茅区六顺乡石灰山引种植株1株（引种号20191361）。

上海植物园 2019年于云南省西双版纳傣族自治州引种植株10株。

物候

通常在下午17:00左右开花，单朵花花期约4小时。

上海辰山植物园 花期10月，未结果。

上海植物园 花期10月，未结果。

迁地栽培要点

喜光照，耐湿热，在热带和亚热带地区可露地栽培。

主要用途

观赏。可治疗心悸、头晕、外伤出血、痢疾等。美洲印第安人重要的传统药用植物，在菲律宾、中南半岛、南部非洲也有引种栽培。中国广西、广东和云南等地有引种栽培，有的地区逸为野生。

花序

植株

植株

香雪兰属

Freesia Eckl. ex Klatt, Linnaea 34: 672. 1866. nom. cons.

多年生草本植物。球茎卵圆形，外有薄膜质的包被。叶基生，2列，嵌迭状排列，叶剑形或条形，中脉明显。花茎细弱，上部分枝；穗状花序，顶生，排列疏松；花直立，排列于花序的一侧；花下的苞片膜质；花被管喇叭形，花被裂片6，2轮排列，内、外轮花被裂片近于同形、等大；雄蕊3，与花被管等长，花丝着生在花被管的基部；子房下位，3室，中轴胎座，花柱细长，顶端有3个分枝，每分枝再2裂，柱头6。蒴果近卵圆形，室背开裂。

全世界约有20种，主要分布在非洲南部。

9 香雪兰

别名: 小菖兰、菖蒲兰

Freesia × *hybrida*

花序分枝

自然分布

本植物为香雪兰（*F. refracta*）、柠檬香雪兰（*F. leichtlinii*）和多花香雪兰（*F. corymbosa*）等种杂交获得。在我国热带和亚热带地区常见栽培。

迁地栽培形态特征

多年生草本植物，丛生，高约40cm。

球茎 卵圆形，外包有棕褐色网状的膜质包被，包被上有网纹及暗红色的斑点。

叶 基生，剑形或条形，略弯曲，长15~40cm，基部鞘状，顶端渐尖，中脉明显；茎生叶较短而狭，披针形。

花茎 直立，穗状花序上部有2~3个分枝，下部有数枚叶；花无梗。每朵花基部有2枚膜质苞片，苞片宽卵形或卵圆形，顶端略凹或2尖头，长0.6~1cm，宽约8mm。

🌸 **花** 黄色、红色、粉色或白色等，有香味，直径3~4cm；花被管喇叭形，长约4cm；花两侧对称，花被裂片6枚，近于等大，长1.5~2cm，宽约6mm；雄蕊3，花丝着生于花被管一侧，长2~2.5cm；花柱顶端3个分枝，每分枝再2裂，柱头6。

🍎 **果** 蒴果近卵圆形，室背开裂。

引种信息

上海植物园 2017年于上海种业集团引种100个种球。

物候信息

上海植物园 花期4~5月，未结果。

迁地栽培要点

喜向阳和排水良好的土壤，在热带和亚热带地区可露地栽培。

主要用途

可用于园林绿化，也可用于切花生产。花可提炼精油，用作化妆品、日用品添加剂。

植株

香雪兰园艺品种'伊冯'（*Fressia* 'Yvonne'）　　香雪兰园艺品种'条纹阳光'（*Fressia* 'Striped Sun'）

唐菖蒲属

Gladiolus L., Sp. Pl. 1: 36, 1753

多年生草本。球茎扁圆球形，外包有棕色或黄棕色的膜质包被。叶基生或在花茎基部互生，剑形，基部鞘状，顶端渐尖，嵌迭状排成2列，灰绿色，有数条纵脉及1条明显而突出的中脉。花茎直立，不分枝，花茎下部生有数枚互生的叶；顶生穗状花序，每朵花下有苞片2，膜质，黄绿色，卵形或宽披针形，中脉明显；无花梗；花在苞内单生，两侧对称，红、黄、白或粉红等色；花被管基部弯曲；花被裂片6，2轮排列，内、外轮的花被裂片皆为卵圆形或椭圆形，上面3片略大，最上面1片内花被裂片特别宽大，弯曲成盔状；雄蕊3，直立，贴生于盔状的内花被裂片内，花药条形，红紫色或深紫色，花丝白色，着生在花被管上；花柱顶端3裂，柱头略扁宽而膨大，具短茸毛，子房椭圆形，绿色，3室，中轴胎座，胚珠多数。蒴果椭圆形或倒卵形，成熟时室背开裂；种子扁而有翅。

全世界约255种，分布于非洲、马达加斯加、欧洲和中东地区。我国各地常见栽培。

10 唐菖蒲

Gladiolus × *gandavensis* Van Houtte

自然分布

本植物为一杂交种，亲本复杂，可能是由产自非洲南部的瀑布唐菖蒲（*G. cardinalis*，中文名新拟）、鹦鹉唐菖蒲（*G. psittacinus*，中文名新拟）和特兰斯凯唐菖蒲（*G. oppositiflorus*，中文名新拟）等种杂交获得。在全国各地广为栽培。

迁地栽培形态特征

多年生草本植物，高80~100cm。

球茎 扁圆球形，直径2.5~4.5cm，外包有棕色或黄棕色的膜质包被。

叶 基生或在花茎基部互生，剑形，长60~90cm，宽2~4cm，基部鞘状，顶端渐尖，嵌迭状排成2列，灰绿色，有数条纵脉及1条明显而突出的中脉。

花茎 直立，高50~80cm，不分枝，花茎下部生有数枚互生的叶；顶生穗状花序长25~60cm，每朵花下有苞片2，膜质，黄绿色，卵形或宽披针形，长4~5cm，宽1.8~3cm，中脉明显；无花梗。

花 两侧对称，有红、粉、紫、黄、白和绿等色，直径7.5~9.5cm；花被管长约2.5cm，基部弯曲，花被裂片6，2轮排列，卵圆形或椭圆形，上面3枚较宽大；雄蕊3，直立，贴生于盔状的内花被裂片内，长5.5~6cm，花药条形，花丝白色，着生在花被管上；花柱顶端3裂。

果 信息不详。

引种信息

上海植物园 2018年于浙江省虹越花卉股份有限公司引种种球200个。

物候

上海植物园 花期6月中旬至7月上旬，不结果。

迁地栽培要点

喜全日照和排水良好的环境。通常采用丛植的方式，或加作围网，以防止倒伏。上海地区通常在4月栽植。

主要用途

可用于园林绿化，也可用于切花生产。球茎可入药，味苦，性凉，有清热解毒的功效，用于治疗腮腺炎、淋巴腺炎及跌打损伤等。

鸢尾属

Iris L., Sp. Pl. 1: 38. 1753

多年生草本。根状茎长条形或块状，横走或斜伸，纤细或肥厚；鳞茎圆球形或扁圆球形，表面具有膜质包被。叶多基生，相互套迭，排成2列，多数扁平，剑形、条形或丝状，有的横切面为方形或槽形，叶脉平行，中脉明显或无，基部鞘状，顶端渐尖。大多数种类只有花茎而无明显的地上茎，花茎自叶丛中抽出，多数种类伸出地面，少数短缩而不伸出，顶端分枝或不分枝；花序生于分枝的顶端或仅在花茎顶端生1朵花；花及花序基部着生数枚苞片，膜质或草质；花较大，蓝紫色、紫色、红紫色、黄色、白色；花被管喇叭形、丝状或甚短而不明显，花被裂片6枚，2轮排列，外轮花被裂片3枚，常较内轮的大，上部常反折下垂，基部爪状，多数呈沟状，平滑，无附属物或具有鸡冠状及须毛状的附属物，内轮花被裂片3枚，直立或向外倾斜；雄蕊3，着生于外轮花被裂片的基部，花药外向开裂，花丝与花柱基部离生；雌蕊的花柱单一，上部3分枝，分枝扁平，拱形弯曲，有鲜艳的色彩，呈花瓣状，顶端再2裂，裂片半圆形、三角形或狭披针形，柱头生于花柱顶端裂片的基部，多为半圆形，舌状，子房下位，3室，中轴胎座，胚珠多数。蒴果椭圆形、卵圆形或圆球形，顶端有喙或无，成熟时室背开裂；种子梨形、扁平半圆形或为不规则的多面体，有附属物或无。

全世界约280～300种，分布于北半球温带地区。我国约产60种、13变种及5变型，主要分布于西南、西北及东北。

分种检索表

1a 地下部分为明显或不明显的根状茎。（2）
1b 地下部分为鳞茎。（55）
2a 根肉质；根状茎甚短，不为块状，节不明显。（3）
2b 根非肉质；根状茎长，块状，节明显。（5）
3a 根肉质，中部不膨大成纺锤形；种子有翅 ·· 63. 中甸鸢尾 *I. subdichotoma*
3b 根肉质，中部膨大为纺锤形；种子有白色附属物。（4）
4a 花茎很短，不伸出地面；花被管长5～7cm ··· 61. 高原鸢尾 *I. collettii*
4b 花茎较长，伸出地面，上部多分枝；花被管长2.5～3cm ····························· 62. 尼泊尔鸢尾 *I. decora*
5a 花茎二歧状分枝 ··· 64. 野鸢尾 *I. dichotoma*
5b 花茎非二歧状分枝或无明显的花茎。（6）
6a 外花被裂片的中脉上无附属物，少数种生有单细胞的纤毛。（7）
6b 外花被裂片的中脉上有附属物。（35）
7a 种子橙红色，成熟时宿存于果实上 ·· 36. 红籽鸢尾 *I. foetidissima*
7b 种子褐色或黑色，成熟时自然散落。（8）
8a 外花被裂片提琴形。（9）
8b 外花被裂片非提琴形。（10）
9a 花黄色 ··· 38. 喜盐鸢尾 *I. halophila*
9b 花蓝紫色，或内、外花被裂片上部蓝紫色，爪部为黄色 ···
·· 39. 蓝花喜盐鸢尾 *I. halophila* var. *sogdiana*
10a 花茎有数个细长的分枝；叶宽1.2cm以上。（11）
10b 花茎不分枝或有1～2个短的侧枝，或无明显的花茎；叶宽1.2cm以下。（12）
11a 花茎粗壮，有明显纵棱；花黄色 ··· 49. 黄菖蒲 *I. pseudacorus*
11b 花茎光滑，花蓝紫色 ··· 54. 山鸢尾 *I. setosa*
12a 植株形成密丛；根状茎木质。（13）
12b 植株不形成密丛；根状茎不为木质。（22）
13a 根状茎非块状，斜伸，外包有不等长的老叶残留叶鞘及纤维；花被管长约3mm。（14）
13b 根状茎块状，外包有近等长的老叶残留叶鞘；花被管长3～7mm。（15）
14a 花白色 ··· 42. 白花马蔺 *I. lactea*
14b 花蓝紫色 ··· 43. 马蔺 *I. lactea* var. *chinensis*
15a 花茎明显，伸出地面25cm以上；花被管3～7mm ······························ 56. 准噶尔鸢尾 *I. songarica*
15b 花茎不明显，不伸出或略伸出地面；花被管长于1cm。（16）
16a 苞片膨大，宽卵圆形或宽披针形。（17）
16b 苞片不膨大，披针形或狭披针形。（18）
17a 苞片上的平行脉间无横脉相连 ··· 30. 大苞鸢尾 *I. bungei*
17b 苞片上的平行脉间横脉相连成网状 ··· 60. 囊花鸢尾 *I. ventricosa*
18a 叶丝状，宽2mm以下 ·· 57. 细叶鸢尾 *I. tenuifolia*
18b 叶狭条形，宽2mm以上。（19）
19a 叶长20cm以下；花直径5cm以下。（20）
19b 叶长20cm以上；花直径大于5cm。（21）
20a 花蓝色带有黄斑，直径约3cm；花柱裂片丝状狭三角形 ·············· 40. 矮鸢尾 *I. kobayashii*
20b 花蓝紫色或蓝色，无黄斑，直径4.5～5cm；花柱裂片狭披针状三角形 ····················
·· 50. 青海鸢尾 *I. qinghainica*
21a 老叶残留的叶鞘棕红色；叶质地柔软，顶端下垂；外花被裂片狭倒披针形，宽约5mm ····
·· 31. 华夏鸢尾 *I. cathayensis*
21b 老叶残留的叶鞘棕色或棕褐色；叶质地坚韧，直立；外花被裂片倒披针形或狭倒卵形，宽
    1～2cm ·· 44. 天山鸢尾 *I. loczyi*
22a 每花茎顶端生有1朵花。（23）

22b 每花茎顶端生有2朵花。（27）
23a 根状茎肥厚，近地表处膨大成球形；苞片1枚 ·· 28. 单苞鸢尾 *I. anguifuga*
23b 根状茎不肥厚，不膨大成球形；苞片2枚。（24）
24a 花黄色；根状茎细长，丝状 ·· 45. 小黄花鸢尾 *I. minutoaurea*
24b 花蓝紫色；根状茎较粗，不为丝状。（25）
25a 花被管长5～7cm；苞片狭披针形，顶端长渐尖 ······································ 51. 长尾鸢尾 *I. rossii*
25b 花被管长1.5cm以下；苞片披针形或宽披针形，顶端短渐尖。（26）
26a 苞片软，膜质，绿色，边缘红紫色 ·· 52. 矮紫苞鸢尾 *I. ruthenica* var. *nana*
26b 苞片硬，干膜质，黄绿色，边缘略带红色 ·· 59. 单花鸢尾 *I. uniflora*
27a 花黄色、黄绿色 ·· 37. 云南鸢尾 *I. forrestii*
27b 花紫色、蓝紫色、蓝色或白色。（28）
28a 叶中脉明显。（29）
28b 叶中脉不明显。（30）
29a 叶狭条形，宽约2mm；苞片膜质，顶端渐尖，平行脉不明显 ················ 58. 北陵鸢尾 *I. typhifolia*
29b 叶条形，宽0.5～1.2cm；苞片近革质，顶端急尖、渐尖或钝，平行脉明显
 ·· 35. 玉蝉花 *I. ensata*
30a 花茎实心 ·· 33. 西藏鸢尾 *I. clarkei*
30b 花茎空心。（31）
31a 外花被裂片上有褐色的网纹 ·· 53. 溪荪 *I. sanguinea*
31b 外花被裂片上无褐色的网纹。（32）
32a 花直径9～10cm，外花被裂片上有白色的花斑 ······································ 41. 燕子花 *I. laevigata*
32b 花直径在9cm以下，外花被片裂片上无白色的花斑。（33）
33a 植株高于70cm ·· 34. 长葶鸢尾 *I. delavayi*
33b 植株低于70cm。（34）
34a 外花被裂片上有蓝紫色的斑点及条纹 ·· 29. 西南鸢尾 *I. bulleyana*
34b 外花被裂片上有金黄色的条纹 ·· 32. 金脉鸢尾 *I. chrysographes*
35a 外花被裂片上有鸡冠状的附属物或中脉突起。（36）
35b 外花被裂片上有须毛状的附属物。（45）
36a 外花被裂片上中脉隆起。（37）
36b 外花被裂片上有鸡冠状的附属物。（40）
37a 根状茎细长，丝状，节处膨大。（38）
37b 根状茎不为丝状，无膨大的节。（39）
38a 花期植株高8～10cm，果期高35～40cm ·· 47. 小鸢尾 *I. proantha*
38b 花期植株高约30cm，果期高约55cm ·· 48. 粗壮小鸢尾 *Iris proantha* var. *valida*
39a 叶宽6～12mm；果梗弯曲成90°角 ·· 55. 小花鸢尾 *I. speculartrix*
39b 叶宽3～6mm；果梗不弯曲 ·· 46. 朝鲜鸢尾 *I. odaesanensis*
40a 无明显的地上茎；叶基生。（41）
40b 有明显的地上茎；叶于茎顶集生。（44）
41a 花茎分枝呈总状排列。（42）
41b 花茎不分枝或有1～2个侧枝。（43）
42a 花蓝紫色ꞏꞏ 23. 蝴蝶花 *I. japonica*
42b 花白色ꞏꞏ 24. 白蝴蝶花 *I. japonica* f. *pallescens*
43a 花蓝紫色ꞏꞏ 25. 鸢尾 *I. tectorum*
43b 花白色ꞏꞏ 26. 白花鸢尾 *I. tectorum* f. *alba*
44a 叶于茎顶集生，扇形排列，花浅蓝色或白色，直径5～5.5cm ··············· 22. 扁竹兰 *I. confusa*
44b 叶于茎顶集生，扇形排列，花蓝紫色，直径7.5～8cm ························· 27. 扇形鸢尾 *I. wattii*
45a 每花茎顶部只生有1朵花（46）
45b 每花茎顶部生有2朵花，少为1朵花。（51）
46a 内花被裂片向外平展，外花被裂片中脉上的须毛状附属物稀疏 ······ 16. 水仙花鸢尾 *I. narcissiflora*

46b 内花被裂片直立，外花被裂片中脉上的须毛状附属物致密。（47）
47a 植株基部的老叶残留纤维毛发状，向外反卷。（48）
47b 植株基部的老叶残留纤维不向外反卷。（49）
48a 花黄色 ·· 18. 卷鞘鸢尾 *I. potaninii*
48b 花蓝紫色 ··· 19. 蓝花卷鞘鸢尾 *I. potaninii* var. *ionantha*
49a 根不分枝，有横纹 ··· 21. 粗根鸢尾 *I. tigridia*
49b 根多分枝，无横纹。（50）
50a 叶长25～28cm，宽约5mm；花直径7～8cm ·································· 12. 锐果鸢尾 *I. goniocarpa*
50b 叶长20～23cm，宽约2mm；花直径2.5～3cm ······················ 13. 细锐果鸢尾 *I. goniocarpa* var. *tenella*
51a 花黄色。（52）
51b 花蓝紫色或红紫色。（53）
52a 叶镰刀状弯曲或中部以上略弯曲 ··· 15. 长白鸢尾 *I. mandshurica*
52b 叶片不弯曲或略弯曲 ·· 11. 中亚鸢尾 *I. bloudowii*
53a 叶镰刀形弯曲 ·· 20. 膜苞鸢尾 *I. scariosa*
53b 叶不弯曲。（54）
54a 根长，上下近于等粗；植株基部围有大量黄褐色毛发状的老叶残留纤维 ··
··· 17. 甘肃鸢尾 *I. pandurata*
54b 根细而短；植株基部围有少量黄褐色毛发状的老叶残留纤维及膜质的鞘状叶 ·······························
··· 14. 薄叶鸢尾 *I. leptophylla*
55a 鳞茎下方具有肉质须根 ·· 65. 布哈拉鸢尾 *I. bucharica*
55b 鳞茎下方无肉质须根。（56）
56a 鳞茎膜质包被非网状，叶片横切面为槽式 ··· 66. 荷兰鸢尾 *I.* × *hollandica*
56b 鳞茎有网状膜质包被，叶片横切面为方形或槽式。（57）
57a 叶片横切面为方形 ··· 68. 网脉鸢尾 *I. reticulata*
57b 叶片横切面为槽式 ·· 67. 剑鸢尾 *I. kolpakowskiana*

11 中亚鸢尾

Iris bloudowii Ledeb.
Iris flavissima var. bloudwii (Ledeb.) Baker, Iris flavissima var. umbrosa Bunge.

新疆赛里木湖生境

自然分布

产中国黑龙江、吉林和新疆。也产俄罗斯和蒙古。

迁地栽培形态特征

多年生草本植物，丛生，高约30cm。

根状茎 粗壮肥厚，局部膨大成结节状，棕褐色。

叶 剑形或条形，不弯曲或略弯曲，花期长8~12cm，宽4~8mm，果期长15~25cm，宽

0.8~1.2cm，基部鞘状，互相套迭，有5~6条纵脉，无明显中脉。

花茎 花期高8~10cm，果期长达30cm，无分枝；苞片3枚，膜质，带红紫色，倒卵形，内含2朵花。

花 黄色，直径5~5.5cm；花梗长0.6~1cm；外轮花被裂片倒卵形，长5cm、宽2.5cm，中脉上有橘黄色须毛状附属物，周围有紫黑色脉纹；内轮花被裂片倒披针形，长4cm、宽1.2cm，直立；花柱分枝扁平，黄色，长2cm；雄蕊长2cm；子房长1.5cm，直径0.3cm。

果 信息不详。

引种信息

上海辰山植物园　2015年于新疆裕民县贝母实验站引种植株1株（引种号20151990）。

物候信息

上海辰山植物园　未开花结果。已死亡。

迁地栽培要点

自然生长于向阳的石质山坡、沟旁或林缘草地，喜全日照，喜土壤疏松、排水性良好的砂壤土。

主要用途

观赏。也可用于培育有髯鸢尾（英文名Bearded Irises）园艺品种。

新疆赛里木湖生境

新疆赛里木湖生境

花

12 锐果鸢尾

Iris goniocarpa Baker
Iris gracilis Maxim.

自然分布

产中国陕西、甘肃、青海、四川、云南和西藏。也产于印度、不丹、尼泊尔。

迁地栽培形态特征

多年生草本植物，丛生，高25cm。

根状茎 短，棕褐色。

叶 条形，长10~25cm，宽2~3mm，中脉不明显。

花茎 高10~25cm，无茎生叶；苞片2枚，膜质，绿色，略带淡红色，长2~4cm，宽5~8mm，向外反折，内含1朵花。

花 蓝紫色或粉紫色，直径3.5~5cm；花梗甚短或无；花被管长1.5~2cm；外花被裂片倒卵形或椭圆形，长2.5~3cm，宽约1cm，基部楔形，中脉上须毛状附属物，基部白色，顶端黄色，周围有深紫色斑点；内花被裂片狭椭圆形或披针形，长1.8~2.2cm，宽约5mm，直立；雄蕊长约1.5cm，花药黄色；花柱分枝长约1.8cm；子房长1~1.5cm。

果 三棱状圆柱形或椭圆形，长3.2~4cm，直径1.2~1.8cm，顶端有短喙。

引种信息

上海辰山植物园 2015年于四川省阿坝藏族羌族自治州九寨沟国家级自然保护区引种植株10株（引种号XYE-15-12）。2016年夏季死亡。

上海植物园 2017年于四川省阿坝藏族羌族自治州四姑娘山引种植株5株和种子30粒（引种号SHBGIridaceae201703）。

物候信息

上海辰山植物园 2015年5月开花，果期6~7月。已死亡。

上海植物园 植株细弱，未开花。

迁地栽培要点

生于高山草甸、林缘或疏林下，喜冷凉气候，不耐湿热。建议采用透气性好的纯赤玉土或桐生砂栽培，注意防涝。

主要用途

植株矮小，花开量大，适合盆栽观赏。

四川九寨沟生境

四川九寨沟生境

花

花

13 细锐果鸢尾

Iris goniocarpa var. *tenella* Y. T. Zhao

四川九寨沟生境

本变种较原变种细弱，两者在植株大小和花大小上存在明显差异，作者不支持 *Flora of China* 将两者归并的处理方式。

自然分布

产青海和四川。

迁地栽培形态特征

植株高 20~23cm；叶长 15~22cm，宽约 2mm；花直径 2.5~3cm；花被管长 1~1.2cm，伸出苞片外；花浅紫色或近白色，须毛状附属物周围有浅紫色斑点。

引种信息

上海辰山植物园　2015年于四川省阿坝藏族羌族自治州九寨沟国家级自然保护区引种2丛（引种号20152001）。

物候信息

上海辰山植物园　花期5月，未结果。已死亡。

迁地栽培要点

生于高山草甸、林缘或疏林下，喜冷凉气候，不耐湿热。建议采用透气性好的纯赤玉土或桐生砂栽培，注意防涝。

主要用途

植株矮小，花小而可爱，适合盆栽观赏。

14
薄叶鸢尾

Iris leptophylla Lingelsh.

薄叶鸢尾和四川鸢尾（*I. sichuanensis* Y. T. Zhao）自然分布区域相同，且形态学特征相似，因此 *Flora of China* 将两者合并。但是两者在植株和花大小上存在差异：薄叶鸢尾叶长20~30cm，宽2~3mm，花直径3.5~4cm；四川鸢尾叶长25~30cm，宽0.5~1cm，花直径约6cm。因此，本书认为两者分类学地位仍需进一步研究。

自然分布

产中国甘肃和四川。

迁地栽培形态特征

多年生草本植物，丛生，高30~35cm。

根状茎 肥厚，肉质，球形或不规则块状，黄褐色。

叶 质薄，条形，长20~30cm，宽2~3mm，有明显中脉。

花茎 高15~35cm，直径约2mm，中下部有1枚茎生叶，披针形，长8~9cm，顶端渐尖；苞片3枚，膜质，绿色，边缘半透明，长3.5~4.5cm，宽约1cm，内含2朵花。

花 蓝紫色或红紫色，直径3.5~4cm；花梗很短或无花梗；花被管长约3.5cm；外花被裂片倒卵形或匙形，长约5cm，宽约2cm，中脉上有须毛状的附属物，基部白色，顶端黄色，周围有白色脉纹和紫色斑点；内花被裂片狭倒披针形，长约3.5cm，宽约5mm；雄蕊长约1cm，花药白色；花柱分枝与花被裂片颜色相同。

果 卵圆形，长2~2.5cm，直径1.5~2cm，6条脉明显，顶端有短喙，成熟时沿室背自上而下开裂至1/3处。种子椭圆形，黑褐色，长约3mm，有白色附属物。

引种信息

上海辰山植物园 2015年于四川省阿坝藏族羌族自治州汶川县引种植株5株（引种号WZW-15-065）。

上海植物园 2020年于四川省阿坝藏族羌族自治州汶川县引种种子50粒（引种号SHBGIridaceace 202002）。

物候信息

上海辰山植物园 引种当年花期4月，未结果。2016年7月死亡。

上海植物园 未开花。

迁地栽培要点

自然生长于夏季高温、少雨的干热河谷中。喜全日照，土壤需疏松、排水性好，忌有积水。建议采用透气性好的纯赤玉土或桐生砂栽培。

主要用途

可盆栽观赏。

四川汶川生境

花与果

花

15 长白鸢尾

Iris mandshurica Maxim.

自然分布

产中国黑龙江、吉林、辽宁。也产俄罗斯和朝鲜半岛。

迁地栽培形态特征

多年生草本植物，丛生，高约30cm。

根状茎 短粗、肥厚、肉质。须根近肉质，上粗下细，少分枝。

叶 基部紫色，镰刀状弯曲或中部以上略弯曲，顶端渐尖或短渐尖，有2~4条纵脉，无明显中脉，花期长10~15cm，宽0.5~1cm，果期长30cm、宽1.5cm。

花茎 平滑，基部包有披针形的鞘状叶，高15~20cm；苞片3枚，膜质，绿色，长3.5~5cm，宽1~1.8cm，中脉明显，内含1~2朵花。

花 黄色，直径4~5cm；外轮花被裂片倒卵形，长4~5cm，宽1.5cm，爪部狭楔形，中脉上有黄色须毛状附属物；内轮花被裂片倒披针形或狭椭圆形，长3.5cm，向外斜伸；花柱分枝长3cm；雄蕊长2cm，花药黄色；子房长1.2cm。

果 纺锤形，长6cm、宽1.5cm，6条纵肋明显，顶端有长喙，成熟时室背开裂。种子圆球形，黄褐色，一端有白色附属物。

引种信息

上海辰山植物园 2007年于吉林省长春市引种植株5株（引种号20070202）。

北京植物园 2001年于吉林省通化市引种植株8株（引种号2001-2179）。

沈阳农业大学 2006年于辽宁省沈阳市东陵公园引种植株30株（引种号YW3）。

物候信息

上海辰山植物园 花期4月中下旬，不结果。2008年梅雨季节死亡。

北京植物园 花期5月，不结果。2003年死亡。

沈阳农业大学 花期4月下旬至5月上旬，果期5~6月。

迁地栽培要点

自然生长于向阳的山坡或灌丛中。上海地区梅雨季节肉质根状茎易腐烂，建议采用盆栽，浅植。栽培基质需疏松透气，忌有积水。沈阳地区可露地栽培。

主要用途

可用于观赏，也可用于培育有髯鸢尾类园艺品种。

果

花

根状茎及须根

16 水仙花鸢尾

Iris narcissiflora Diels

四川贡嘎山生境

本种已列入《中国物种红色名录》（2004）和世界自然保护联盟（International Union for Conservation of Nature，IUCN）红色植物名录易危等级（Vulnerable，VU）。作者未收集到本种材料，但是鉴于其重要科研价值和观赏价值，综合分析《中国植物志》、植物标本馆资源共享平台标本和王红拍摄的彩色照片，对本种形态学特征进行了描述。

自然分布

产四川西部。

形态特征

多年生草本植物，高约30cm。

🟣根状茎 直立的根状茎短粗，横走的根状茎细长。
🟣叶 基部鞘状，无基生叶。生于茎上，宽2～3mm，与花茎等长或略低，无明显的主叶脉。
🟣花茎 纤细，无分枝，高20～30cm，苞片2枚，膜质，绿色或褐色，顶端向外反折，长2.8～3.3cm，宽约1.2cm，内含1朵花。
🟣花 黄色，直径5～5.5cm；无花梗；花被管6～7mm；外花被裂片平展，椭圆形或倒卵形，长约3.5cm，宽2～2.2cm，中脉上有稀疏的黄色须毛状附属物，周围有橘色斑点；内花被裂片盛开时平展，狭卵形，长约3cm，宽约1.8cm；雄蕊长约1.3cm；花柱分枝长约1.5cm，宽约8mm。
🟣果 不详。

物候信息
自然生境下花期为7月，果期为8～9月。

迁地栽培要点
自然生于高山草地和灌丛中，未见有人工栽培的报道。

主要用途
具有重要的科研价值。花色艳丽，也可用于观赏。

17 甘肃鸢尾

Iris pandurata Maxim.

自然分布

产中国甘肃、青海。

迁地栽培形态特征

多年生草本植物，丛生，高35cm。

🌱 根状茎 块状，短；须根粗壮，黄褐色，近肉质，上、下近等粗，有细小的侧根。

🍃 叶 条形，长10~25cm，宽1.5~4mm，有3~5条纵脉，无明显的中脉。

🌾 花茎 实心，高3~12cm，直径约2mm，基部有数枚鳞片叶，披针形；苞片2~3枚，膜质，长3.5~6cm，宽1~1.5cm，内多含2朵花。

🌸 花 红紫色，直径约5cm；无花梗或略具短梗；花被管细，长2~3cm；外花被裂片狭倒卵形，上部向外反折，长约4.5cm，宽1.4cm，中脉上具有须毛状附属物，基部白色，顶端黄色，周围有白色斑纹；内花被裂片倒披针形，直立，长3.5cm，宽约8mm；雄蕊长约2.5cm，花药紫色，与花丝近于等长；子房长约1.5cm，直径2~8mm。

🍒 果 椭圆形。种子梨形，长约4mm，宽约2mm，红褐色，表面皱缩，一端具有白色附属物。

引种信息

上海辰山植物园　2015年于青海省西宁市引种植株1株（引种号20151933）。

上海植物园　2017年于青海省西宁市引种植株3株和种子20粒（引种号SHBGIridaceae201704）；2019年于青海省西宁市引种植株3株（引种号SHBGIridaceae201903）。

物候信息

上海辰山植物园　花期4月，未结果。死亡。

上海植物园　引种当年花期4月，后再未开花。现长势较弱。

迁地栽培要点

自然生长于排水性良好的砂土中，耐干旱，耐寒，不耐湿热，建议采用纯赤玉土或桐生砂作为栽培基质。8月采收种子，保存于通风阴凉处。当年10月播种，覆土约1cm，放置于简易大棚内（冬季最低温约5℃）保持湿润，约1个月后即可萌发。

主要用途

植株矮小，开花量大，可盆栽观赏。

青海西宁生境

俯视

青海西宁生境

外轮花被裂片中脉具须毛状附属物

18
卷鞘鸢尾

Iris potaninii Maxim.
Iris thoroldii Baker ex Hemsl.

青海可可西里生境

自然分布

产中国甘肃、青海、西藏。也产俄罗斯、蒙古、印度。

迁地栽培形态特征

多年生草本植物，丛生，高20cm。

根状茎 木质，块状，短，有肉质须根，黄白色，上部分较粗，分枝少。

叶 基部有大量棕褐色或黄褐色老叶叶鞘的残留纤维，毛发状，向外反卷。条形，花期长4～8cm，宽2～3mm；果期长20cm，宽3～4mm。

花茎 极短，不伸出地面，基部生有1～2枚鞘状叶；苞片2枚，膜质，狭披针形，长4～4.5cm，宽约6mm，内含1朵花。

花 黄色，直径约5cm；花被管长1.5～3.7cm，外花被裂片倒卵形，长约3.5cm，宽约1.2cm，中脉上有黄色的须毛状附属物；内花被裂片倒披针形，直立，长约2.5cm，宽0.8～1cm；雄蕊长约1.5cm，花药黄白色；花柱分枝长约2.8cm，宽约6mm；子房长约7mm。

果 椭圆形，顶端有短喙，长2.5~3cm，宽1.3~1.6cm，成熟时侧面开裂，顶端相连。

引种信息

上海辰山植物园 2016年于青海省玉树藏族自治州可可西里引种植株3株（引种号XYE-16-057）。2017年7月死亡。

物候信息

自然花期6~7月，果期7~8月。上海辰山植物园引种后未开花。

迁地栽培要点

自然生长于海拔3000m以上的石质山坡。喜冷凉气候和全日照，土壤需疏松、排水性良好。

主要用途

植株矮小，开花量大，可用于盆栽观赏。

青海可可西里生境

花

19 蓝花卷鞘鸢尾

Iris potaninii var. *ionantha* Y. T. Zhao

青海可可西里生境

自然分布

产中国甘肃、青海、西藏。也产俄罗斯、蒙古和印度。

迁地栽培形态特征

《中国植物志》记载本变种营养体形态与原变种相似，只是花色不同：卷鞘鸢尾为黄色，蓝花卷鞘鸢尾为蓝紫色。作者还发现本变种营养体叶片为剑形，中部稍向外弯曲，花蓝紫色，外轮花被片上具有白色须毛状附属物。

引种信息

上海辰山植物园　2016年于青海省玉树藏族自治州可可西里引种植株1株。

物候信息

自然条件下花期为6月，果期为7~8月。上海辰山植物园引种后未开花，引种当年7月死亡。此处展示本变种自然生境照片以供参考。

迁地栽培要点

自然生长于海拔3000m以上的石质山坡。喜冷凉气候和全日照，土壤需疏松、排水性良好。

主要用途

植株矮小，开花量大，适合盆栽观赏。

青海可可西里生境

青海可可西里生境

20 膜苞鸢尾

Iris scariosa Willd. ex Link
Iris astrachanica Rodion., *Iris elongata* Fisch, ex Baker

自然分布

产中国新疆。也产俄罗斯和哈萨克斯坦。

迁地栽培形态特征

多年生草本植物，高10~18cm。

根状茎 粗壮、肥厚，棕黄色，直径1.5~2.2cm。

叶 灰绿色，剑形或镰刀形，长10~18cm，宽1~1.8cm。

花茎 长10cm，无茎生叶；苞片3枚，膜质，边缘红紫色，长4~5.5cm，宽1.5~2cm，内含2朵花。

花 种内花色变异大，有蓝紫色、红紫色、肉色、浅蓝色或烟灰色/紫红色复色等；直径5.5~6cm；花被管长1.5cm；外花被裂片倒卵形，长约6cm，宽1.5cm，爪部狭楔形，中脉上有须毛状附属物；内花被裂片倒卵形，长约5cm，宽约5mm，直立；雄蕊长约1.8cm，长约3.5cm。

果 纺锤形或卵圆状柱形，长5~7.5cm，直径2.5~3cm，顶端略微膨大成环状，但无明显的喙，成熟时室背开裂。种子梨形，黑褐色，长约6mm，宽4mm，无明显附属物。

引种信息

上海辰山植物园 2014年于新疆维吾尔自治区伊犁哈萨克自治州巩留县引种植株10株（引种号20140975）。

上海植物园 2017年于新疆维吾尔自治区伊犁哈萨克自治州巩留县引种植株10株（引种号SHBGIridaceae201702）；2020年于新疆维吾尔自治区伊犁哈萨克自治州巩留县引种植株1株（引种号SHBGIridaceae202001）。

北京植物园 2017年于新疆维吾尔自治区伊宁市引种植株10株（引种号2017-1720）。

沈阳农业大学 2007年于新疆维吾尔自治区伊犁哈萨克自治州巩留县引种植株10株（引种号YW23）。

物候信息

上海辰山植物园 花期4月，不结果。2018年6月，植株死亡。

上海植物园 未开花。

北京植物园 花期4月，果期5~6月。

沈阳农业大学 未开花。植株已死亡。

迁地栽培要点

喜生长在全日照和排水良好的砂土中。上海地区梅雨季节，其肉质根状茎易腐烂，建议采用盆栽。

栽培时将肉质根状茎露出地表，栽培基质需疏松透气，忌有积水。北京地区可露地栽培。

主要用途

植株矮小，花色丰富，可用于观赏。欧美国家的育种者利用须毛状附属物亚属的德国鸢尾（*I. germanica*）和黄褐鸢尾（*I. variegatea*）等种杂交获得了一个花色、花型极为丰富的园艺类群——有髯鸢尾（Bearded Irises）（胡永红和肖月娥，2012）。而中国产须毛状附属物亚属的物种均未参与选育，未来可用这些种类培育有髯鸢尾园艺品种。

21 粗根鸢尾

Iris tigridia Bunge ex Ledeb.

浅蓝色花

蓝紫色花

本种与甘肃鸢尾在形态学和地理分布上存在明显区别：粗根鸢尾根状茎上部粗，顶端渐尖，每个花茎开1朵花，花蓝紫色或粉紫色，少见白色，外轮花被片上具有白色、紫色斑点，分布于中国东北地区、蒙古和俄罗斯；甘肃鸢尾根茎上下等粗，每个花茎通常开2朵花，花红紫色，外轮花被片上具有白色斑纹，分布于中国西北地区。因此，本书不同意 Flora of China 将两者合并的处理方式。

自然分布

产中国黑龙江、吉林、辽宁、内蒙古和山西。也产俄罗斯和蒙古。

迁地栽培形态特征

根状茎 不明显，短而小，木质。须根肉质，直径3~4mm，有皱缩横纹，黄白色或黄褐色，基部略粗，至顶端渐细，不分枝或少分枝。

叶 狭条形，花期长5~13cm、宽1.5~2mm，果期长30cm、宽约3mm，基部鞘状，膜质，色较淡，无明显中脉。

花茎 长2~4cm，不伸出或略伸出地面；苞片2枚，黄绿色，膜质，内含1朵花。

花 蓝紫色或粉紫色，直径3.5~3.8cm；花梗长约5mm；花被管长约2cm；外花被裂片狭倒卵形，长约3.5cm，宽约1cm，中脉上有白色、顶端黄色的须毛状附属物，周围有紫褐色及白色斑纹；内花被裂片倒披针形，长2.5~2.8cm，宽4~5mm，花盛开时略向外倾斜；雄蕊长约1.5cm；花柱长约2.3cm；子房长约1.2cm。

果 卵圆形或椭圆形，长3.5~4cm，直径1.5~2cm，顶端渐尖成喙，成熟时室背开裂。种子棕褐色，梨形，有黄白色附属物。

引种信息
上海辰山植物园　2007年于内蒙古乌兰浩特引种植株5株（引种号20070205）。
北京植物园　2010年于北京市密云雾灵山引种植株15株（引种号2010-1683）
沈阳农业大学　2008年于辽宁省北镇市医巫闾山引种植株45株（引种号YW47）。

物候信息
上海辰山植物园　引种当年花期5月，未结果。2008年死亡。
北京植物园　花期4月，果期4~5月。
沈阳农业大学　花期4~5月，果期5~6月。

迁地栽培要点
喜排水良好的砂土。在低纬度、低海地区，夏季高温高湿环境易引起根部腐烂，需注意排水。在北京和沈阳地区可以露地栽培。

主要用途
植株矮小，花为粉紫色、蓝紫色或白色，开花量大，可用于观赏。

粉紫色花　根状茎　花部解剖　果

22
扁竹兰

别名： 扁竹根、扁竹

Iris confusa Sealy

花序

自然分布

产中国广西、四川和云南。

迁地栽培形态特征

多年生常绿草本植物，丛生。自然生境下高150~180cm。引种后采用盆栽方式，高100~120cm。

根状茎 横走，直径4~7mm，黄褐色，节明显，节间较长。

叶 10余枚，密集于茎顶，基部鞘状，互相嵌迭，排列成扇状，宽剑形，长28~80cm，宽3~6cm，黄绿色，两面略带白粉，无明显纵脉。

茎 地上茎高30~60cm，节明显，节上常残留有老叶的叶鞘。花茎长20~30cm，总状分枝，每个分枝处着生4~6枚膜质苞片；苞片卵形，长约1.5cm，内含3~5朵花。

花 浅蓝色或白色，直径5~5.5cm；花梗与苞片等长或略长；花被管长约1.5cm；外花被裂片椭圆形，长约3cm，宽约2cm；内花被裂片倒宽披针形，长约2.5cm，宽约1cm；雄蕊长约1.5cm，花药黄白色；花柱分枝淡蓝色，长约2cm，宽约8mm；子房纺锤形，长约6mm。

果 信息不详。

引种信息

昆明植物园 引种信息缺失。

上海植物园 2018年于四川省成都市大邑县西岭镇西岭雪山引种植株5株（引种号SHBGIridaceae 201802）。

物候信息

昆明植物园 花期3~5月，未结果。

上海植物园 未开花。

迁地栽培要点

耐湿热，在上海地区可露地栽培。

主要用途

植株高大，叶常绿，可用于观赏。

浅蓝紫色花

蓝紫色花

23
蝴蝶花

别名： 开喉箭、兰花草、扁竹、剑刀草、豆豉草、扁担叶、扁竹根、铁豆柴

Iris japonica Thunb.

Iris chinensis Curtis, *Iris fimbriata* Vent., *Iris squalens* Thunb., *Iris fimbriata* Vent., *Evansia chinensis* (Curtis) Salisb., *Evansia fimbriata* (Vent.) Decne.

自然分布

产中国江苏、安徽、浙江、福建、湖北、湖南、广东、广西、陕西、甘肃、四川、贵州、云南。也产日本。

迁地栽培形态特征

多年生草本植物，丛生，高40~60cm。

根状茎 直立根状茎扁圆形，具多数较短的节间，长6~10cm，棕褐色。横走的根状茎节间长，黄白色。

叶 生于直立根状茎上，暗绿色，有光泽，基部常带红紫色，剑形，长25~60cm，宽1.5~3cm，顶端渐尖，无明显中脉。

花茎 高于叶片，顶生稀疏总状聚伞花序，分枝5~12个；苞片3~5枚，长0.8~1.5cm，含2~4朵花。

花 淡蓝色或蓝紫色，直径4.5~5cm；花梗长1.5~2.5cm；花被管长1.1~1.5cm；外花被裂片倒卵形或椭圆形，长2.5~3cm，宽1.4~2cm，中脉上有黄色的鸡冠状附属物，周围有紫色的一圈斑点，有时成一轮花纹；内花被裂片椭圆形或狭倒卵形，长2.8~3cm，宽1.5~2.1cm；雄蕊长0.8~1.2cm；花药白色；花柱淡蓝色，顶端裂片繸状丝裂；子房长0.7~1cm。

果 蒴果椭圆状柱形，长2.5~3cm，直径1.2~1.5cm，无喙，6条纵肋明显，成熟时自顶端开裂至中部。种子黑褐色，为无规则的多面体，无附属物。

引种信息

昆明植物园 于贵州省引种植株20株；2015年于昆明市商业苗圃购买200株（引种号2015-57）。

上海辰山植物园 2014年于湖北省恩施土家族苗族自治州鹤峰县引种植株5株（引种号20140948）；2015年于湖南省怀化市沅陵县引种植株20株（引种号20150458）。

上海植物园 引种信息缺失，园内多处林下或林缘有栽培；2017年于重庆市涪陵区青羊镇引种植株10株（引种号SHBGIridaceae201705）；2017年湖南省张家界市桑植县引种植株20株（引种号SHBGIridaceae201706）；2018年于湖北省恩施土家族苗族自治州引种植株10株；2018年于湖北省宜昌市五峰土家族自治县引种植株10株。

南京中山植物园 1995年于江苏省南京市紫霞湖引种植株10株（引种号199504）。

物候信息

昆明植物园 花期2~4月，未结果。

上海辰山植物园 花期3~4月，未结果。

上海植物园 花期3~4月，果期5~7月。

南京中山植物园 花期3~4月，果期5~7月。

迁地栽培要点

自然生于林缘、疏林下、沟谷湿地或山坡草地。耐阴、耐湿热，在亚热带和暖温带地区可露地栽培。

主要用途

叶四季常绿，种内花色变异较大，开花量大，可用作地被植物，也可用作切花生产。

24 白蝴蝶花

Iris japonica f. *pallescens* P. L. Chiu & Y. T. Zhao

自然分布

模式标本采自杭州植物园。在长江以南地区常见栽培。

迁地栽培形态特征

本变型花白色,直径约5.5cm;外花被裂片的中肋上有淡黄色斑纹及淡黄褐色的条状斑纹;花柱分枝的中肋上略带淡蓝色。

引种信息

上海植物园 2017年于重庆市涪陵区青羊镇引种植株5株(引种号SHBGIridaceae201708)。

物候信息

上海植物园 花期3~4月,不结果。

迁地栽培要点

耐阴、耐湿热,在长江以南地区均可露地栽培。

主要用途

可用作地被植物,也可用作切花生产。

25 鸢尾

别名： 屋顶鸢尾、蓝蝴蝶、紫蝴蝶、扁竹花、蛤蟆七

Iris tectorum Maxim.
Iris fimbriata Vent., *Iris rosthornii* Diels., *Iris tomiolopha* Hance

自然分布

产中国山西、安徽、江苏、浙江、福建、湖北、湖南、江西、广西、陕西、甘肃、四川、贵州、云南、西藏。

迁地栽培形态特征

多年生常绿草本植物，丛生，高约40cm。

根状茎 粗壮，二歧分枝，直径约1cm，斜伸。

叶 基生，黄绿色，稍弯曲，中部略宽，宽剑形，长15~50cm，宽1.5~3.5cm，基部鞘状，有数条不明显的纵脉。

花茎 光滑，高20~40cm，顶部有1~2个短侧枝，中、下部有1~2枚茎生叶；苞片2~3枚，绿色，草质，边缘膜质，色淡，长5~7.5cm，宽2~2.5cm，内含1~2朵花。

花 蓝紫色，直径约10cm；花梗甚短；花被管细长，长约3cm；外花被裂片圆形或宽卵形，长5~6cm，宽约4cm，中脉上有不规则的鸡冠状附属物，白色，呈不整齐的缕状裂；内花被裂片椭圆形，长4.5~5cm，宽约3cm，盛开时向外平展；雄蕊长约2.5cm，花药鲜黄色，花丝白色；花柱分枝淡蓝色，长约3.5cm，顶端裂片有疏齿；子房长1.8~2cm。

果 长椭圆形或倒卵形，长4.5~6cm，直径2~2.5cm，有6条明显的肋，成熟时顶端开裂。种子圆球形，直径约4mm。

引种信息

昆明植物园 2002年于云南省迪庆藏族自治州维西傈僳族自治县引种植株20余株（引种号021018）；2017年于贵州省六盘水市小韭菜坪引种植株20余株（引种号201706-001）。

上海辰山植物园 2007年于浙江省临安市引种植株5株（引种号20070165）；2016年于四川省阿坝藏族羌族自治州马尔康市松岗镇引种植株5株（引种号XYE-16-019）。

上海植物园 引种信息缺失，栽植于单子叶植物区。

南京中山植物园 1994年于安徽省大别山引种植株5株（引种号199405）。

北京植物园 1973年于武汉植物园引种种子30粒（引种号1973-953）。

沈阳农业大学 2008年于山西省运城市平陆县洪池乡刘湛村引种植株20余株（引种号YW 43）。

物候信息

上海辰山植物园 花期4月，未结果。

上海植物园 花期4月，未结果。

昆明植物园 花期4~5月，未结果。

南京中山植物园 花期4~5月，果期6~7月。

北京植物园 花期4~5月，果期6~7月。
沈阳农业大学 花期5月，果期6~7月。

迁地栽培要点

生于向阳坡地、林缘及水边湿地。在亚热带至温带地区均可露地栽培。沈阳地区露地越冬需防寒。

主要用途

观赏，在世界各地园林中广泛栽培。根状茎治关节炎、跌打损伤、食积、肝炎等症。

用作地被

花

外轮花被裂片中脉具鸡冠状附属物

26 白花鸢尾

Iris tectorum f. *alba* (Dykes) Makino

外轮花被裂片中脉具鸡冠状附属物

自然分布

产中国浙江，各地常见栽培。

迁地栽培形态特征

本变型花白色，外花被裂片爪部浅黄色，其他性状与原变型相同。

引种信息

上海植物园 2017年于浙江省丽水市引种植株10株（引种号SHBGIridaceae201707）。

南京中山植物园 1994年引种自安徽大别山（引种号199406）。

北京植物园 1973年于中国医学科学院药物研究所引种植株15株（引种号1973-913）。

物候信息

上海植物园　花期4月，果期5～7月。
南京中山植物园　花期4月，未结果。
北京植物园　花期5月，果期6～8月。

迁地栽培要点

耐湿热，较耐寒，在亚热带至温带地区可露地栽培。

主要用途

花大而美丽，可用作地被或盆栽观赏。

27 扇形鸢尾

别名: 扁竹兰、铁扇子、老君扇

Iris wattii Baker.

花

自然分布

产中国云南、西藏。也产于印度和不丹。

迁地栽培形态特征

多年生草本植物,丛生,盆栽高50cm,露地栽培高80~100cm。

🟦根状茎 粗壮,直径约1cm,横走,节明显,节间长,黄白色。

🟦叶 表面皱褶,10余枚密集于茎顶,基部互相套叠,排列成扇面状,宽剑形,长50~70cm,宽5~7cm,有十多条纵脉。

🟦茎 地上茎扁圆柱形,盆栽高20cm,直径1~1.5cm,节明显,残留有老叶的叶鞘。花茎高30~50cm,直径约7mm;总状圆锥花序,5~7个分枝;每个分枝处有苞片3~5枚,膜质,绿色,长1.5~2.5cm,宽约1cm,内含2~4朵花。

🟦花 蓝紫色,直径7.5~8cm;花梗长约1.5cm;花被管长约2cm;外花被裂片倒卵形,长4.5~5cm,宽2.4~2.8cm,有深紫色的斑点及条纹,中肋上有黄色鸡冠状附属物;内花被裂片倒披针形,长3.5~4cm,宽1~1.3cm,盛开时向外斜伸;雄蕊长约3cm,花药黄色,花丝白色;花柱分枝长3~3.5cm,宽0.8~1cm,顶端裂片继状丝裂;子房长7~8mm。

🟦果 信息不详。

引种信息

昆明植物园　2009年于云南省保山市腾冲县界头乡引种植株3株(引种号0910026)。

上海植物园　2019年于云南省保山市高黎贡山自然保护区引种3株。

物候信息

昆明植物园　花期2~4月,未结果。

上海植物园　未开花,长势良好。

迁地栽培要点

生于向阳坡地、林缘及水边湿地。耐湿热、耐阴,在昆明和上海地区可露地栽培。

主要用途

可观叶、观花,适合作为地被植物。

28 单苞鸢尾

别名： 避蛇参、春不见、蛇不见、仇人不见面、夏无踪

Iris anguifuga Y. T. Zhao ex X. J. Xue

花

自然分布

产中国安徽、湖北、广西，在浙江、江西、贵州等地常见栽培。

迁地栽培形态特征

多年生草本植物，丛生，高50cm。植株冬季常绿，夏季枯萎。

根状茎 粗壮，肥厚，斜伸，棕红色或黄褐色，靠近地表处常膨大成球形，黄白色。

叶 条形，长20~30cm，宽5~7mm，有3~6条纵脉。

花茎 高30~50cm，具4~5枚茎生叶，狭披针形，长8~12cm，宽约5mm；苞片1枚，草质，长10~13.5cm，宽约8mm，内含有1朵花。

🌸 蓝紫色，直径约10cm；花梗长2.5cm；花被管细，长约3cm；外花被裂片倒披针形，长5～5.5cm，宽约8mm，爪部狭长，有褐色的条纹及斑点；内花被裂片狭倒披针形，长4.5～5cm，宽约3mm，有蓝褐色的条纹；雄蕊长约2.5cm，花药鲜黄色，较花丝长；花柱长4.5～5cm，宽约6mm。

🍎 长5.5～7cm，直径1.5～2cm，外被稀疏的黄褐色柔毛，顶端有长喙，果梗长约5cm。

引种信息

上海辰山植物园 2007年于浙江省临安市西天目乡西关村大境坞石寨引种植株13株（引种号20070920）。

上海植物园 2017年于浙江省丽水市引种植株5株（引种号SHBGIridaceae201713）。

物候信息

上海辰山植物园 死亡。

上海植物园 花期4月，果期5～7月。7～9月休眠，地上部分枯萎。10月重新萌发。

迁地栽培要点

喜阳，喜排水良好的土壤。上海地区可露地栽培。

主要用途

观赏。根状茎治疗毒蛇咬伤，疗效显著，内服能润肠、通便、致泻。

花

29 西南鸢尾

别名： 空茎鸢尾

Iris bulleyana Dykes

自然分布

产中国四川、云南和西藏。

迁地栽培形态特征

多年生草本植物，丛生，高45cm。

西南鸢尾与金脉鸢尾、西藏鸢尾染色体数目相同（2n=40），易发生种间杂交。

根状茎 较粗壮，斜伸。

叶 条形，长15~45cm，宽0.5~1cm，基部鞘状，略带红色，无明显的中脉。

花茎 中空，光滑，高20~35cm，直径4~6mm，生有2~3片茎生叶，基部围有少量红紫色的鞘状叶；苞片2~3枚，膜质，绿色，边缘略带红褐色，长5.5~12cm，宽0.8~1.2cm，内含1~2朵花。

花 蓝紫色，直径6.5~7.5cm；花梗长2~6cm；花被管短而粗，长1~1.2cm；外花被裂片倒卵形，长4.5~5cm，宽约2.5cm，无附属物，具黄白色斑点及条纹；内花被裂片披针形或宽披针形，直立，长约4cm，宽约1.5cm，花盛开时略向外倾；雄蕊长约2.5cm，花药乳白色，较花丝略短；花柱分枝长约3.5cm；子房长约2cm。

果 三棱状柱形，长4~5.5cm，直径1.5~1.8cm，6条肋明显，顶端钝，无喙，常有残存的花被，表面具明显的网纹，成熟时顶端开裂。种子棕褐色，扁平，半圆形，直径约4mm。

引种信息

上海辰山植物园 2007年于云南省迪庆藏族自治州香格里拉引种植株10株和种子100粒（引种号20070921）；2009年于云南省大理市苍山引种植株5株（引种号20090467）；2018年于云南省德钦县引种植株5株（引种号20182910）。

上海植物园 2018年于西藏自治区林芝市引种植株3株。

物候信息

上海辰山植物园 引种当年花期6月，未结果。2008年死亡。

上海植物园 未开花，引种当年8月死亡。

迁地栽培要点

自然生长于海拔2300~3500m的山坡草地或溪流旁的湿地上，喜冷凉气候。当引种地与原分布区自然条件差异较大时，需采取人工栽培措施，营造出适宜的生境。种子具有非深度休眠特征（肖月娥 等，2007）。10月将采收的种子用湿沙层积，保存于低温（约5℃）中，翌年3月播种，覆土约1cm，常温条件下2~3周可萌发。

主要用途

观赏。金脉鸢尾、西南鸢尾、西藏鸢尾、长葶鸢尾、云南鸢尾和黄花鸢尾染色体数目相等。欧美国家的育种者已经利用这6种鸢尾属植物杂交，获得了一个以花色奇艺著称的园艺类群——东方西伯利亚鸢尾类群（英文名sino-Siberian irises）。

30 大苞鸢尾

Iris bungei Maxim.
Sclerosiphon bungei (Maxim.) Rodion.

自然分布

产中国内蒙古、山西、甘肃、宁夏。也产蒙古。

迁地栽培形态特征

《中国植物志》（赵毓棠，1985）提到大苞鸢尾和囊花鸢尾两者形态特征极为相似，主要差别：大苞鸢尾苞片平行脉之间无横膈；囊花鸢尾苞片平行脉之间有横膈。

根状茎 木质化、块状，长10～13cm。

叶 条形，长20～50cm，宽2～4mm，有4～7条纵脉，无明显的中脉。

花茎 高15～25cm，有2～3枚茎生叶，叶片基部鞘状，抱茎；苞片3枚，草质，绿色，边缘膜质，白色，长8～10cm，宽3～4cm，平行脉间无横脉相连，中脉1条，明显而突出，内含2朵花。

花 蓝紫色，直径6～7cm；花梗长约1.5cm；花被管丝状，长6～7cm，外花被裂片匙形，长5～6cm，宽1.2～1.5cm，爪部狭楔形；内花被裂片倒披针形，长5～5.5cm，宽0.8～1cm，直立；雄蕊长约3cm；花柱分枝长5～5.5cm，中心紫色，边缘浅紫色；子房细柱状，长4～4.5cm。

果 圆柱状倒卵形，长8～9cm，直径1.5～2cm，有6条明显的肋，顶端有喙，成熟时自顶部向下开裂至1/3处。

引种信息

上海辰山植物园　2016年于甘肃省甘南藏族自治州引种植株2株（引种号XYE-16-040）。

南京中山植物园　1994年于黑龙江省森林植物园引种植株5株（引种号199414）。

物候信息

上海辰山植物园　2016年8月死亡。

南京中山植物园　花期5～6月，果期7～8月。

迁地栽培要点

喜排水良好的向阳坡地。耐干旱。

主要用途

观赏。

花

花

花部解剖

31 华夏鸢尾

Iris cathayensis Migo

花

自然分布

产中国安徽、江苏和湖北。

迁地栽培形态特征

多年生草本植物,地上部分在夏季休眠。

根状茎 不明显的木质块状。

🍃 基生，灰绿色，条形，花期叶长15~25cm，宽3~4mm，果期长45cm，宽达6mm，无明显的中脉。

🌱 不伸出地面；苞片3~4枚，草质，绿色，边缘膜质，略带白色，长8~12cm，宽1.2~2cm，顶端渐尖，中脉明显，含2朵花。

🌸 蓝紫色，直径6~7.5cm；花梗丝状，长1.5~2cm；花被管细长，顶端略膨大，长7~9cm；外花被裂片狭倒披针形，长4~5.5cm，宽约5mm，中脉上生有单细胞的纤毛；内花被裂片条形或狭倒披针形，长4~5cm；雄蕊长2.8~3.5cm，花药蓝色，比花丝长；花柱分枝长3.5~4cm，宽约3mm，长约1.2cm；子房纺锤形，长1.3~1.5cm。

🍎 不详。

引种信息

上海植物园 2017年4月于江苏省南京市引种植株5株（引种号SHBGIridaceae201713）。

物候信息

上海植物园 花期4月，不结果。

迁地栽培要点

生长于草坡或林缘，喜排水良好的土壤。上海地区可露地栽培。

主要用途

观赏。

32 金脉鸢尾

别名： 金纹鸢尾、金网鸢尾

Iris chrysographes Dykes

自然分布

产中国四川、贵州、云南和西藏。

迁地栽培形态特征

多年生草本植物，丛生，高75cm。

根状茎 圆柱形，棕褐色，斜伸。

叶 条形，无明显中脉，长25~70cm，宽0.5~1.2cm，顶端渐尖，基部鞘状。

花茎 中空，高25~50cm，直径约0.5cm，中部或下部有1~2枚茎生叶，叶鞘宽大抱茎；苞片3枚，绿色略带红紫色，披针形，长6.5~9cm，宽0.8~1.5cm，顶端长渐尖，内包含有2朵花。

花 深蓝紫色或紫黑色，直径8~12cm；外花被裂片狭倒卵形，长5.5~7cm，宽2.5~3.5cm，有金黄色的条纹；内花被裂片狭倒披针形，长约6cm，宽约1cm；雄蕊长4~4.5cm，花药蓝紫色，花丝紫色；花柱分枝长4.5~5cm，宽6~8mm；子房长3~3.5cm，直径5~7mm。

果 三棱状圆柱形，长4~6cm，直径1.7~2cm，无喙。种子扁平，半圆形或圆形，直径4~5mm，棕褐色。

引种信息

上海辰山植物园 2014年11月于四川省甘孜藏族自治州康定县引种植株5株（引种号XYE-14-03）；2016年6月于四川省成都市引种植株5株（引种号XYE-16-041）。

上海植物园 2016年于四川省雅安市夹金山引种植株5株；2018年于西藏自治区林芝市引种植株5株。

物候信息

上海辰山植物园 未开花，引种当年8月死亡。

上海植物园 未开花，引种当年8月死亡。

迁地栽培要点

自然生长于海拔1200~4400m的山坡草地或溪流旁的湿地上，喜冷凉和湿润气候。

主要用途

观赏。

外轮花被裂片具金色脉纹

花

花

33 西藏鸢尾

Iris clarkei Baker ex Hook. f.

西藏林芝生境

自然分布

产中国云南和西藏。也产印度和尼泊尔。

迁地栽培形态特征

多年生草本植物，丛生，高65cm。

根状茎 圆柱形，斜伸。

叶 条形或剑形，长30～60cm，宽1～1.8cm，无明显的中脉。

花茎 高约60cm，直径约5mm，上部有2～3个侧枝，中部以下有2～3枚茎生叶，鞘状抱茎，长15～25cm；苞片3枚，长7.5～9cm，中脉明显，内含1～2朵花。

花 蓝紫色，直径7.5～8.5cm；花梗长2.5～3.5cm；花被管绿色，短而粗，长约1cm，直径约5mm；外花被裂片倒卵形，长约7cm，宽2.4～2.8cm，中部有白色的环形斑纹，有深紫色的条纹及黄斑；内花被裂片倒披针形，长4～4.5cm，宽约1cm，花盛开时向外倾斜；花药乳白色，比花丝短；花柱分枝长4～4.5cm，宽约1cm；子房长约2.5cm，直径约5mm。

果 卵圆柱形，长3.5～5cm，直径1.2～2.5cm，6条肋明显。种子扁平。

引种信息

上海植物园 2018年于西藏自治区林芝市引种植株5株（引种号SHBGIridaceae201803）。

物候信息

上海植物园 未开花，2019年8月死亡。

迁地栽培要点

生于海拔3500m的山坡草地或溪流旁的湿地上，喜冷凉气候。

主要用途

观赏。也可用于培育东方西伯利亚鸢尾类园艺品种。

外轮花被裂片具白色环形花斑

果序

34 长葶鸢尾

Iris delavayi Micheli

自然分布

产中国四川、云南和西藏。

迁地栽培形态特征

多年生草本植物，丛生，高80~120cm。

根状茎 粗壮，直径约1cm，斜伸。

叶 灰绿色，剑形或条形，长50~80cm，宽0.8~1.5cm，无明显中脉。

花茎 中空，光滑，高60~120cm，直径5~7mm，顶端有1~2个短侧枝，中下部有3~4枚披针形的茎生叶；苞片2~3枚，略带红褐色，长7~11cm，宽1.8~2cm，内含2朵花。

花 深紫色或蓝紫色，具暗紫色及白色斑纹，直径约9cm；花梗长3~6cm；花被管长1.5~1.8cm；外花被裂片倒卵形，长约7cm，宽约3cm，上有白色及深紫色的斑纹，无附属物；内花被裂片倒披针形，长约5.5cm，花盛开时向外倾斜；花药乳黄色，花丝淡紫色；花柱分枝，长约5cm，宽约1.6cm；子房长1.8~2cm，直径约7mm。

果 柱状长椭圆形，长5~6.5cm，直径1.5~2.5cm，无喙。种子扁平，圆形或半圆形，黑褐色，直径5~7mm。

引种信息

上海辰山植物园 2009年于云南省迪庆藏族自治州香格里拉引种植株10株（引种号20090449）。

昆明植物园 2009年于云南省大理白族自治州苍山中和峰引种植株38株（引种号00512）；2002年引种自云南省大理白族自治州苍山中和峰，引种种子多数（引种号021035）。

物候信息

上海辰山植物园 未开花，引种当年8月死亡。

昆明植物园 花期4~5月，果期6~8月。已死亡。

迁地栽培要点

生于海拔2100~3100m的山坡草地或溪流旁的湿地上，喜冷凉气候。

主要用途

可观赏，也可用于培育东方西伯利亚鸢尾类的园艺品种。

英国邱园展示效果

花

35 玉蝉花

别名： 紫花鸢尾、东北鸢尾

Iris ensata Thunb.

Iris caespitosa Pall. ex Link., *Iris doniana* Spach, *Iris kaempferi* Sieb. ex Lem., *Iris laevigata* var. *kaempferi* (Siebold ex Lem.) Maxim., *Xiphion donianum* (Spach) Alef.

自然分布

产中国黑龙江、吉林、辽宁、山东（昆嵛山）和浙江（临安、安吉和丽水）。也产朝鲜半岛、日本以及俄罗斯远东地区。

迁地栽培形态特征

多年生草本植物，丛生，高80~100cm。

根状茎 粗壮，斜伸，外包有棕褐色叶鞘残留的纤维。

叶 条形，长30~80cm，宽0.5~1.2cm，中脉明显。

茎 高40~100cm，实心，有1~3枚茎生叶；苞片3枚，近革质，披针形，长4.5~7.5cm，宽0.8~1.2cm，平行脉明显而突出，内含2朵花。

花 深紫色，少见茶色、粉色和白色个体；直径9~10cm；花梗长1.5~3.5cm；花被管漏斗形，长1.5~2cm；外花被裂片倒卵形，长7~8.5cm，宽3~3.5cm，中脉基部有黄色花斑；内花被裂片狭披针形或宽条形，长约5cm，宽约5~6mm；雄蕊长约3.5cm，花药紫色，较花丝长；花柱分枝长约5cm，宽0.7~1cm；子房长1.5~2cm，直径约3mm。

果 长椭圆形，长4.5~5.5cm，宽1.5~1.8cm，顶端有短喙，6条肋明显，成熟时自顶端向下开裂至1/3处。种子扁平，有翅，半圆形，黑褐色，直径约5mm。

引种信息

上海辰山植物园 2006年于浙江省临安市清凉峰国家级自然保护区引种植株10株（引种号20060283）；2016年于浙江省丽水市引种植株10株（引种号XYE-16-042）。

上海植物园 2017年于浙江省丽水市引种植株10株（引种号SHBGIridaceae201712）。

北京植物园 2015年于吉林省靖宇县引种植株5株（引种号2015-146）。

沈阳农业大学 2007年于吉林省敦化市大石头林业局沟口林场（YW10）；2008年吉林省安图县二道白河镇（YW37）。

物候信息

上海辰山植物园 花期6月，不结果。

上海植物园 花期6月，不结果。

北京植物园 花期6月，不结果。2016年死亡。

沈阳农业大学 花期6月，果期7~9月。

迁地栽培要点

喜阳，耐湿热，喜酸性（pH5.5~6.5）土壤。在植株生长旺盛期和开花期需水量大，在冬季需防止土壤有积水。上海地区9～10月采收种子，保存在低温（约5℃）湿润的砂土中。翌年3月播种，覆土约1cm，保持湿润，3～4周即可萌发。

主要用途

可用于观赏。种内花色变异较大，也可用来培育日本鸢尾(或称花菖蒲，英文名Japanese irises)。目前，日本和欧美国家通过种内选育已获得玉蝉花园艺品种约5000个，广泛应用于世界各地园林中（肖月娥和胡永红，2018）。

花

花序

浙江天目山生境

日本本州岛自然种群内花色变异

36 红籽鸢尾

Iris foetidissima L.

Iris foetidissima var. *livida* Maire, *Iris foetidissima* var. *lutescens* Maire

花

自然分布

产欧洲和北非。

迁地栽培形态特征

多年生常绿草本植物，丛生，高50~100cm。

根状茎 匍匐多节，粗而节间短，锈红色。

叶 深绿色，富有光泽，剑形，呈二纵列交互排列，长30~70cm，宽1~2.5cm，基部互相抱叠。

花茎 光滑，直径0.5~1cm；长60~100cm，茎生叶短而窄，上部分枝，花3~5朵。

花 暗紫色，杂暗黄色，直径7~9cm；外轮花被裂片倒披针形，长3~5cm，宽1~2cm，顶端钝圆，基部楔形；内轮花被裂片倒披针形，长2.5~4cm，宽0.5~1cm；雄蕊长1.8~2cm；花药条形，花丝近圆柱形，基部稍扁而宽；花柱分枝淡紫褐色，长约3cm，宽约0.5cm，顶端裂片宽三角形或半圆形；子房倒卵形。

果 倒卵形或长椭圆形，长4~7cm，直径1.5~2.5cm。成熟时果实侧面开裂。种子球形，直径5~7mm，橙红色，宿存于果实上。

引种信息

南京中山植物园 2010年于法国引种种子10粒（引种号201001）。

物候信息

南京中山植物园 花期4~5月，果期6~8月。

迁地栽培要点

喜阳，喜排水良好的土壤。南京地区可以露地栽培。

主要用途

观赏。根状茎可药用，具有止痛、解痉、通便和调经的作用，并对治疗昏厥和神经系统疾病有较好的疗效。

果与种子

37 云南鸢尾

别名: 大紫石蒲

Iris forrestii Dykes

云南鸢尾较易与黄花鸢尾(*I. wilsonii*)混淆,两者主要区别在于:云南鸢尾苞片内2朵花紧凑,盛开时内花被裂片直立,外花被裂片爪部两侧无耳状突起物;黄花鸢尾苞片内2朵花分散生长,盛开时内花被裂片向外斜伸,外花被裂片爪部两侧有紫色的耳状突起物。

自然分布

产中国四川、云南、西藏。也产缅甸。

迁地栽培形态特征

多年生草本植物,丛生,高50cm。

根状茎 斜伸,直径约5mm,棕褐色。

叶 条形,黄绿色,长20~50cm,宽4~7mm,无明显的中脉。

花茎 空心,高15~45cm,直径2~3mm,有1~3枚茎生叶;苞片3枚,膜质,上部略带红紫色,长5.5~7cm,宽1~1.2cm,内含1~2朵花。

花 黄色,直径6.5~7cm;花梗长3.5~5cm;花被管长约1.3cm;外花被裂片倒卵形,长约6.5cm,宽约2.5cm,有紫褐色的条纹及斑点,无附属物;内花被裂片狭披针形,直立;雄蕊长约3cm,花药褐黄色;花柱分枝长4~4.5cm,宽1.4~1.6cm;子房长约2cm。

果 钝三棱状椭圆形,长4~4.5cm,直径1.5~1.8cm,有短喙,6条肋明显,室背开裂。

引种信息

上海辰山植物园 2009年于云南省大理白族自治州引种植株5株(引种号20090442);2018年于云南省丽江市玉龙纳西族自治县引种植株5株(引种号20182912)。

上海植物园 2020年引种自四川省凉山彝族自治州金阳县引种植株20株(引种号SHBGIridaceae202005)。

昆明植物园 2000年于云南省丽江市玉龙雪山三道弯引种植株20余株(引种号00634);2002年引种自云南省丽江市泸沽湖引种植株16株(引种号02105)。

物候信息

上海辰山植物园 未开花。

上海植物园 长势良好,未开花。

昆明植物园 花期5~6月,果期7~9月。已死亡。

迁地栽培要点

自然生长于高山草地或溪流旁,喜冷凉气候。

主要用途

可用于观赏,也可用于培育东方西伯利亚鸢尾类园艺品种。

38 喜盐鸢尾

别名： 厚叶马蔺

Iris halophila Pall.

Iris desertorum Gueldenst., *Iris gueldenstadtiana* Lepech., *Iris stenogyna* Redouté, *Iris spuria* var. *halophila* (Pall.) Sims, *Iris spuria* subsp. *halophila* B. Mathew & Wendelbo

花

自然分布

产我国甘肃、新疆。也产俄罗斯。

迁地栽培形态特征

多年生草本植物，丛生，高60cm。

根状茎 粗壮而肥厚，直径1.5~3cm，斜伸。

叶 剑形，灰绿色，长20~60cm，宽1~2cm，略弯曲，有10多条纵脉，无明显的中脉。

花茎 高20~40cm，直径约0.5cm，比叶短，上部有1~4个侧枝，中下部有1~2枚茎生叶；花茎分枝处生有3枚苞片，草质，绿色，长5.5~9cm，宽约2cm，边缘膜质，白色，内含2朵花。

花 黄色，直径5~6cm；花梗长1.5~3cm；花被管长约1cm；外花被裂片提琴形，长约4cm，宽约1cm；内花被裂片倒披针形，长约3.5cm，宽6~8mm；雄蕊长约3cm，花药黄色；花柱分枝长约3.5cm，宽约6mm；子房长3.5~4cm。

🟣**果** 椭圆状柱形，长6~9cm，直径2~2.5cm，具6条翅状的棱，每2个棱成对靠近，顶端有长喙，成熟时顶端开裂。种子近梨形，黄棕色，种皮膜质，薄纸状，皱缩，有光泽，直径5~6mm。

引种信息

上海辰山植物园 2009年于新疆维吾尔自治区乌鲁木齐植物园引种种子500粒（引种号20090466）。

上海植物园 引种信息缺失。

北京植物园 2000年于新疆维吾尔自治州伊犁哈萨克自治州巩留县阿勒泰地区引种种子300粒（引种号2000-3161）。

沈阳农业大学 2007年于新疆维吾尔自治区伊犁哈萨克自治州巩留县莫合乡引种种子10株（引种号YW19）。

物候信息

上海辰山植物园 花期4月，果期5~7月。

上海植物园 花期4月，果期5~7月。

北京植物园 花期4~5月，果期5~8月。

沈阳农业大学 花期5~6月，果期6~8月。

迁地栽培要点

自然生长于草甸草原、山坡荒地、砾质坡地及潮湿的盐碱地上。喜阳，耐贫瘠，耐湿热，耐盐碱，适应范围广，在我国除热带地区均可栽培。

主要用途

观赏。也可用于盐碱地绿化。

果

花

39 蓝花喜盐鸢尾

Iris halophila var. **_sogdiana_** (Bunge) Grubov
Iris sogdiana Bunge, _Iris spuria_ subsp. _sogdiana_ (Bunge) B. Mathew

自然分布

产我国甘肃、新疆。也产俄罗斯。

迁地栽培形态特征

本变种营养体形态与原变种相似，只是花的颜色为蓝紫色，或内、外花被裂片的上部为蓝紫色，爪部为黄色，以此有别于原变种。

引种信息

上海辰山植物园　2009年于新疆维吾尔自治区乌鲁木齐植物园引种种子200粒（引种号20090466）。

物候信息

上海辰山植物园　花期4月，果期5~7月。

迁地栽培要点

自然生长于草甸草原、山坡荒地、砾质坡地及潮湿的盐碱地上。喜阳，耐贫瘠，耐湿热，耐盐碱，适应范围广，在我国除热带地区均可栽培。

主要用途

观赏。也可用于盐碱地绿化。

40 矮鸢尾

Iris kobayashii Kitag.

自然分布

IUCN将本种定为极危等级（Critically Endangered，CR）。《中国植物志》（1985）记载本种产辽宁省南部地区。但是据《山东植物精要》（2004）记载本种在山东省也有分布。

迁地栽培形态特征

根状茎 块状，短粗，木质，棕褐色。

叶 略扭曲，狭条形，长10~20cm，宽约3mm，无明显的中脉。

花茎 一般不伸出地面；苞片2~3枚，草质，绿色，长6~8cm，宽0.8~1cm，含1~2朵花。

花 蓝色带有黄斑，直径约3cm；花梗较短，长约1.5cm；花被管细长，长4~5cm；外花被裂片狭倒披针形，长约3cm，宽约5mm，上部向外反折，爪部狭楔形，无附属物，中脉具有单细胞的纤毛；内花被裂片狭倒披针形，长约2cm，宽2~3mm，直立；雄蕊长1.5~1.8cm，花药黄色或黄褐色；花柱分枝较花被裂片略短而狭，顶端裂片丝状；子房细圆柱形，长约1cm。

果 长圆形，长约2cm，直径7~8mm，有6条突起的肋，顶端有长喙。

引种信息

上海辰山植物园 2016年于山东省济南市引种植株3株（引种号XYE-16-025）。

上海植物园 2018年于辽宁省大连市引种植株3株（引种号SHBGIridaceae202006）。

沈阳农业大学 2014年于辽宁省大连市南关岭植株引种植株3株（引种号YW154）。

物候信息

上海辰山植物园 2017年死亡。

上海植物园 花期4月，不结果。

沈阳农业大学 花期4月末至5月初，果期6~7月。

迁地栽培要点

喜向阳和排水良好的土壤。

主要用途

观赏。

花被管细长　　花部解剖　　果

41

燕子花

别名： 平叶鸢尾、光叶鸢尾

Iris laevigata Fisch.

Iris gmelinii Ledeb., *Iris itsihatsi* Hassk., *Xyridion laevigatum* (Fisch.) Klatt

自然分布

产中国黑龙江、吉林、辽宁及云南。也产日本、朝鲜半岛和俄罗斯远东地区。

迁地栽培形态特征

多年生草本植物，丛生，高60~80cm。

根状茎 粗壮，斜伸，棕褐色，直径约1cm。

叶 灰绿色，剑形或宽条形，长40~100cm，宽0.8~1.5cm，无明显的中脉。

茎 实心，光滑，高40~60cm，有不明显的纵棱，中、下部有2~3枚茎生叶；苞片3~5枚，长6~9cm，宽1~1.5cm，内含2~4朵花。

花 蓝紫色，直径9~10cm；花梗长1.5~3.5cm；花被管长约2cm，直径5~7mm；外花被裂片倒卵形或椭圆形，长7.5~9cm，宽4~4.5cm，无附属物，中央下陷呈沟状，鲜黄色或白色；内花被裂片倒披针形，长5~6.5cm，宽4.8~1.5cm；雄蕊长约3cm，花药白色；花柱分枝长5~6cm，宽约1.2cm；子房长2~2.2cm，直径约6mm。

果 椭圆状柱形，长6.5~7cm，直径2~2.5cm，有6条纵肋，其中3条较粗。种子半圆形，扁平，黄褐色，长约5.5mm，宽约3mm。

引种信息

上海植物园 2018年于辽宁省丹东市苗圃引种植株10株；2020年于吉林省磐石市引种植株10株（引种号Iridaceace202003）。

沈阳农业大学 2008年于吉林省安图县二道白河镇引种植株20余株（引种号YW 36）。

物候信息

上海植物园 花期6月，不结果。

沈阳农业大学 花期5月，果期6~8月。

迁地栽培要点

喜阳，喜酸性（pH5.5~7.0）土壤，耐湿热。在叶片生长旺盛期和开花期需水量大，在冬季需防止土壤有积水。

主要用途

观赏，广泛应用于世界各地园林中。也有育种者将燕子花与玉蝉花杂交，成功获得了两者的种间杂交品种（肖月娥和胡永红，2018）。

42 白花马蔺

Iris lactea Pallas

Iris ensata Dykes, *Iris fragrans* Lindl., *Iris haematophylla* Fisch. ex Link, *Iris longispatha* Fisch. ex Sims, *Iris moorcrofiana* Wall. ex. Don, *Iris oxypetala* Bunge, *Iris triflora* Balbis., *Iris fragrans* Salisb., *Iris longispatha* Fisch. ex Sims, *Iris pallasiii* Fisch. ex Trevir, *Iris triflora* Klatt

植株

自然分布

产中国吉林、内蒙古、青海、新疆、西藏。

迁地栽培形态特征

多年生草本植物，丛生，高50cm。

根状茎 粗壮，木质，斜伸。

叶 基生，坚韧，灰绿色，条形或狭剑形，长约50cm，宽4～6mm，顶端渐尖，基部鞘状，带红紫色，无明显的中脉。

花茎 光滑，高3~10cm；苞片3~5枚，草质，绿色，边缘白色，披针形，长4.5~10cm，宽0.8~1.6cm，内含2~4朵花。

花 乳白色，直径5~6cm；花梗长4~7cm；花被管甚短，长约3mm；外花被裂片倒披针形，长4.5~6.5cm，宽0.8~1.2cm；内花被裂片狭倒披针形，长4.2~4.5cm，宽5~7mm；雄蕊长2.5~3.2cm，花药黄色，花丝白色；子房长3~4.5cm。

果 长椭圆状柱形，长4~6cm，直径1~1.4cm，有6条明显的肋，顶端有短喙。

引种信息

北京植物园 于北京密云花园村引种植株3株（引种号2014-88）。

物候信息

北京植物园 花期4~5月，果期5~7月。

迁地栽培要点

耐湿热、耐旱、耐盐碱。适应范围广。

主要用途

本种可用于观赏。

花序　花

43 马蔺

别名： 蠡实、紫蓝草、兰花草、箭秆风、马帚子、马莲

Iris lactea var. *chinensis* (Fisch.) Koidz.

自然分布

产中国黑龙江、吉林、辽宁、内蒙古、河北、山西、山东、河南、安徽、江苏、浙江、湖北、湖南、陕西、甘肃、宁夏、青海、新疆、四川、西藏。也产朝鲜、俄罗斯和印度。

迁地栽培形态特征

本变种花为浅蓝色、蓝色或蓝紫色，花被上有较深色的条纹，其他特征均与白花马蔺相同。

引种信息

上海辰山植物园 2006年于浙江省龙塘山引种植株10株（引种号20060059）；2007年于吉林省白城市引种植株13株（引种号20070207；2018年于陕西省凤县唐藏镇通天洞引种植株16株（引种号20182913）。

上海植物园 引种信息缺失，栽植于宿根花卉苗圃。

昆明植物园 2017年于上海辰山植物园引种植株1丛（引种号2017-10）。

南京中山植物园 1994年于新疆维吾尔自治区乌鲁木齐植物园引种植株20株（引种号199411）。

北京植物园 1992年引种自内蒙古锡林浩特，引种材料为种子，数量300粒（引种号1992-48）。

沈阳农业大学 2010年于辽宁省朝阳市建平县引种植株20余株（引种号YW107）。

物候信息

上海辰山植物园 花期4月，果期5~7月。

上海植物园 花期4月，果期5~7月。

昆明植物园 花期4月，未结果。

南京中山植物园 花期3~4月，果期5~7月。

北京植物园 花期4~5月，果期5~7月。

沈阳农业大学 花期5~6月，果期6~7月。

迁地栽培要点

耐湿热、耐旱、耐盐碱，适应范围广。

主要用途

观赏。根系发达，可用于水土保持和改良盐碱土；叶在冬季可作牛、羊、骆驼的饲料，并可供造纸及编织用；根的木质部坚韧而细长，可制刷子；花和种子入药，马蔺种子中含有马蔺子甲素，可作口服避孕药。

44 天山鸢尾

Iris loczyi Kanitz

Cryptobasis loczyi (Kanitz) Ikonn., *Cryptobasis tianschanica* (Maxim.) Nevski, *Iris tenuifolia* var. *thianschanica* Maxim., *Iris tianschanica* Maxim., *Iris thianshanica* (Maxim.) Vved., *Iris thianschanica* (Maxim.) Vved.

植株　果

自然分布

产中国内蒙古、甘肃、宁夏、青海、新疆、四川、西藏。也产俄罗斯。

迁地栽培形态特征

多年生草本植物，丛生。

根状茎 地下为不明显的木质，块状。

叶 质地坚韧，直立，狭条形，长20~40cm，宽约3mm，无明显的中脉。

花茎 较短，不伸出或略伸出地面，基部常包有披针形膜质的鞘状叶；苞片3枚，草质，长10~15cm，宽约1.5cm，中脉明显，顶端渐尖，内含1~2朵花。

花 蓝紫色，直径5.5~7cm；花被管甚长，丝状，长达10cm，外花被裂片倒披针形或狭倒卵形，长6cm，宽1~2cm，爪部略宽；内花被裂片倒披针形，长4.5~5cm，宽7~8mm；雄蕊长约2.5cm；花柱分枝长约4cm，宽约8mm；子房长约1.2cm。

🔵**果** 长倒卵形至圆柱形，长4～7cm，直径约2cm，顶端略有短喙，有6条明显的肋。新鲜时为红褐色，苞片宿存于果实的基部。

引种信息

　　上海植物园　2019年于青海省海北藏族自治州门源回族自治县引种植株2株。

物候信息

　　上海植物园　未开花。

迁地栽培要点

　　高山向阳草地。喜向阳和排水良好的地区。

主要用途

　　观赏。

花

45 小黄花鸢尾

Iris minutoaurea Makino

Iris koreana Nakai, *Iris minuta* Franch. & Sav.

《中国植物志》（赵毓棠，1985）中记载小黄花鸢尾、小鸢尾（*I. proantha*）、小花鸢尾（*I. speculatrix*）外轮花被片中脉隆起，将这些种类与鸢尾、蝴蝶花、红花鸢尾、扁竹兰、扇形鸢尾一起归于鸡冠状附属物亚属（Subgen. Crossiris）。但是Mathew（1981）认为小黄花鸢尾、小鸢尾、小花鸢尾、长尾鸢尾（*I. rossii*）与朝鲜鸢尾（*I. odaesanensis*）等应归入无须毛状附属物亚属（Subgen. Limniris）无须毛状附属物组（sect. Limniris）中国鸢尾系（series Chinenses）。作者观察到小黄花鸢尾、小鸢尾、小花鸢尾、长尾鸢尾与朝鲜鸢尾等种外轮花被片中脉隆起，并非典型鸡冠状附属物，其系统学地位待定。

自然分布

产中国辽宁东南部。也产朝鲜半岛和日本。

迁地栽培形态特征

多年生草本植物，丛生，高40cm。

根状茎 细长，丝状，横走，黄褐色，节处膨大。

叶 狭条形，长5~16cm，宽2~7mm，有3~5条纵脉，无明显的中脉。

花茎 细弱，高7~15cm；苞片2枚，膜质，长4~5cm，宽5~10mm，中脉明显，内含1朵花。

花 黄色，直径2.5~3cm；花梗细，长1.5~2cm；花被管丝状，长1.5~2cm，外花被裂片倒卵形，长约2.2cm，宽约8mm，中脉微隆起，无附属物；内花被裂片倒披针形，直立，长约1.5cm，宽3~4mm；雄蕊长约1cm，花药黄褐色；花柱分枝长约1.5cm，宽约3mm，顶端裂片边缘有疏牙齿；子房长约1cm，直径2~3mm。

果 近球形。种子扁球形，上有白色附属物，直径3~4mm。

引种信息

沈阳农业大学 2009年引种自辽宁省丹东市凤城市红旗镇（引种号YW72）。

物候信息

沈阳农业大学 花期5月，果期5~6月。

迁地栽培要点

不耐水湿，在沈阳地区可露地栽培。

主要用途

植株矮小，可用作地被或盆栽观赏。

46 朝鲜鸢尾

Iris odaesanensis Y. N. Lee

自然分布

分布于中国吉林长白山地区（郑洋，2016）。也产朝鲜半岛。

迁地栽培形态特征

多年生草本植物，丛生，高35～40cm。

根状茎 细长，斜伸或横走，须根肉质，不发达。

叶 基部略带紫色，条形，光亮，草质，外侧较长叶片呈镰型外弯，具多条明显纵脉，无明显中脉。花期长10.5～13.5cm，叶宽0.5～0.8cm，果期长达27.6～38.5cm，叶宽1.0～1.5cm。

花茎 细弱，高4～6cm，不分枝，表面光滑，其上具2枚狭披针形茎生叶，草质；苞片2枚，黄绿色，草质，狭披针形，长3.4cm，宽1.1cm，内有1朵花。果期花茎长6～7cm。

花 花梗长约3～4cm；白色，直径2.7～3.6cm；外花被片倒卵形，长约2.7cm，宽约1.1cm，中脉微隆起，中央具黄色花斑，无附属物；内花被片倒卵形，先端微凹，长约1.5cm，宽约4mm，花朵盛开时向外斜伸；花柱分枝扁平，略拱形弯曲，长约1.7cm，宽约0.4cm，先端裂片狭三角形，边缘具疏齿；雄蕊长约1.0cm，花药与花丝近等长，花药在开裂前为蓝紫色，开裂后为黄色，花丝为白色；花被管黄绿色，细长，3～4cm；子房黄绿色，三棱状柱形，长约1.7cm；花梗长3～4cm。果期花茎长6～7cm。

果 球形，长约2.0cm，宽约1.5cm，顶端无喙，果实成熟时顶裂。种子梨形，黄褐色，一端具有白色的附属物。

引种信息

上海植物园 2020年于吉林省白山市临江市引种植株10株（引种号SHBGIridaceae202004）。

沈阳农业大学 于吉林省白山市临江市花山镇一道阳岔村引种植株20余株（引种号YW135）。

物候信息

上海植物园 未开花，长势良好。

沈阳农业大学 花期5月，果期6～7月。

迁地栽培要点

不耐水湿。上海和沈阳地区均可露地栽培。

主要用途

观赏。

花

外轮花被裂片中脉凸起

花

花

47
小鸢尾

别名： 拟罗斯鸢尾

Iris proantha Diels
Iris pseudorossii Chien.

自然分布

产中国安徽、江苏、浙江、湖北、湖南和河南（朱鑫鑫，个人通信）。

迁地栽培形态特征

多年生常绿草本植物，花期高8~10cm，果期高35~40cm。

根状茎 细长，坚韧，二歧状分枝，横走。

叶 狭条形，有1~2条纵脉，花期长5~20cm，宽1~2.5mm，果期长40cm，宽达7mm。

花茎 细弱，高7~15cm；苞片2枚，膜质，长4~5cm，宽5~10mm，中脉明显，内有1朵花。

花 花淡蓝紫色，直径3.5~4cm；花梗长0.6~1cm；花被管长2.5~3 (5)cm；外花被裂片倒卵形，长约2.5cm，宽1~1.2cm，中脉隆起，黄色，有蓝紫色马蹄形斑纹；内花被裂片倒披针形，长2.2~2.5cm，宽约7mm，直立；雄蕊长约1cm，花丝及花药皆为白色；花柱分枝长约1.8cm，宽约4mm，顶端裂片外缘有不明显的疏齿；子房长4~5mm。

果 圆球形，直径1.2~1.5cm，顶端有短喙；果梗长1~1.3cm，苞片宿存于果实基部。

引种信息

上海辰山植物园 2014年于湖北省神农架国家级自然保护区引种植株10株（引种号20140935）。

上海植物园 2017年于江苏省南京市羊山引种植株3株（引种号SHBGIridaceae201709）。

南京中山植物园 1995年于江苏省南京市紫霞湖引种植株5株（引种号199501）。

物候信息

上海辰山植物园 未开花。

上海植物园 长势良好，但未开花。

迁地栽培要点

喜生长在林缘或林下砂土中。根系不发达，栽培时需要浅植，且注意保持土壤无积水。

主要用途

可盆栽观赏。

植株

外轮花被裂片中脉隆起

48 粗壮小鸢尾

别名： 拟罗斯鸢尾大花变种

Iris proantha var. *valida* (S. S. Chien) Y. T. Zhao
Iris pseudorossii var. *valida* Chien.

浙江天目山生境

本变种植株的各部分均较原变种粗大。

自然分布

产中国浙江天目山。

迁地栽培形态特征

多年生常绿草本植物，花期高约30cm，果期高约55cm。

根状茎 细长，坚韧，二歧状分枝，横走；须根细弱，稀疏。

叶 花期长约27cm，宽约7mm，果期长可达55cm，宽约8mm。

花茎 高20~28cm。

花 淡蓝紫色，稀有白色，直径约5cm；花梗长1~2cm；花被管长3~6cm，外花被裂片长约2.6cm，宽约9mm，中脉上有隆起物，黄色花斑；内花被裂片长2~2.2cm，宽约7mm；雄蕊长约7mm；花柱分枝长约1.6cm。

果 圆球形，直径1.2~1.5cm，顶端有短喙；果梗长1~1.3cm，苞片宿存于果实基部。

引种信息

上海辰山植物园 2015年于浙江省临安天目山国家级自然保护区引种植株5株（引种号20150450）。

上海植物园 2018年于浙江省临安天目山国家级自然保护区引种植株5株（引种号SHBGIridaceae 201804）。

物候信息

上海辰山植物园 未开花。

上海植物园 未开花。

迁地栽培要点

喜生长在林缘或林下砂土中。根系不发达，栽培时需要浅植，且注意保持土壤无积水。

主要用途

可盆栽观赏。

植株

白色花

49 黄菖蒲

别名： 黄鸢尾

Iris pseudacorus L.

Iris flava Tornab., *Iris lutea* Lam., *Iris pallidior* Hill, *Iris palustris* Gaterau, *Iris sativa* Mill., *Limniris pseudacorus* (L.) Fuss, *Xiphion acoroides* (Spach) Alef., *Xyridion acoroideum* (Spach) Klatt, *Xyridion pseudacorus* (L.) Klatt.

植株

花

自然分布

产欧洲，我国各地常见栽培。

迁地栽培形态特征

多年生草本植物，丛生，高60~100cm。

根状茎 粗壮，直径可达2.5cm，斜伸，节明显，黄褐色。

叶 灰绿色，宽剑形，长40~60cm，宽1.5~3cm，顶端渐尖，基部鞘状，色淡，中脉较明显。

花茎 高60~80cm，直径4~6mm，有明显的纵棱，上部分枝，茎生叶比基生叶短而窄；苞片3~4枚，膜质，绿色，披针形，长6.5~8.5cm，宽1.5~2cm，顶端渐尖。

🌸 黄色，直径10~11cm；花梗长5~5.5cm；花被管长1.5cm，外花被裂片卵圆形或倒卵形，长约7cm，宽4.5~5cm，爪部狭楔形，中央下陷呈沟状，有黑褐色的条纹；内花被裂片较小，倒披针形，直立，长2.7cm，宽约5mm；雄蕊长约3cm，花丝黄白色，花药黑紫色；花柱分枝淡黄色，长约4.5cm，宽约1.2cm，顶端裂片半圆形，边缘有疏牙齿；子房绿色，三棱状柱形，长约2.5cm，直径约5mm。

🍎 椭圆状柱形，长6.5~7cm，直径2~2.5cm，有6条纵肋，其中3条较粗。种子扁平，近圆形，有光泽，宽约5.5mm。

引种信息

昆明植物园 1999年于江苏省南京中山植物园引种种子约100粒（引种号99-384）。

上海辰山植物园 2014年于辽宁省沈阳市植物园引种种子约200粒（引种号20141068）。

上海植物园 引种信息缺失，园内多处有栽培。

南京中山植物园 1994年于德国引种种子50粒（引种号199416）。

北京植物园 1975年于德国引种种子15粒（引种号1975-28）。

沈阳农业大学 2008年于辽宁省沈阳市园林科学研究院引种植株20株（引种号YW 39）。

物候信息

上海辰山植物园 花期5月，果期5~8月。

上海植物园 花期5月，果期5~8月。

昆明植物园 花期3~5月，果期4~7月。

南京中山植物园 花期5~6月，果期6~8月。

北京植物园 花期5~6月，果期6~8月。

沈阳农业大学 花期5~6月，果期6~9月。

迁地栽培要点

喜阳，耐寒，耐热，耐水湿，可常年生长于深度约为10cm的水中。

主要用途

观赏，也可用于培育园艺品种。20世纪中期，日本育种学家将花菖蒲与黄菖蒲进行种间杂交获得了适应性强、花色新颖且开花量大的眼影鸢尾（英文名Pseuedata Irises）（肖月娥和胡永红，2018）。

50 青海鸢尾

Iris qinghainica Y. T. Zhao

青海青海湖生境

自然分布

产中国青海。

迁地栽培形态特征

多年生草本植物,丛生,高15cm。

根状茎 地下生有不明显的木质、块状根状茎。

叶 灰绿色,狭条形,长5~15cm,宽2~3cm,顶端渐尖,无明显的中脉。

花茎 甚短，不伸出地面，基部常包有披针形的膜质鞘状叶；苞片3枚，草质，绿色，对折，边缘膜质，淡绿色，披针形，长6~10cm，宽6~18mm，内含1~2朵花。

花 直径4.5~5cm；花被管丝状，长4~6cm；外花被裂片狭倒披针形，浅紫近白色，长3~3.5cm，宽约5mm，爪部狭楔形，基部黄绿色；内花被裂片狭倒披针形至条形，蓝紫色，长3cm，宽约4mm，直立；雄蕊长1.8~2cm；花柱分枝长约2.5cm，宽约3mm，顶端裂片狭披针状三角形，子房细圆柱形，中间略粗，长约1.5cm。

果 长圆形，长约2cm，直径7~8mm，有6条突起的肋，顶端有短喙。

引种信息

上海辰山植物园 2014年引种自青海省青海湖边引种植株2株（引种号XYE-14-01）；2015年于新疆维吾尔自治区裕民县购买植株3株（引种号XYE-15-02）。

上海植物园 2019年于青海省门源回族自治县引种植株10株（SHBGIridaceae201904）。

物候信息

上海辰山植物园 2017年死亡。

上海植物园 未开花。

迁地栽培要点

自然生长于高原山坡及向阳草地，喜向阳、冷凉和排水性良好的生长环境。

主要用途

观赏。

果

51
长尾鸢尾

别名： 柔鸢尾

Iris rossii Baker

Iris rossii f. *alba* Y. N. Lee, *Iris rossii* f. *albiflora* Y. X. Ma & Y. T. Zhao, *Iris rossii* var. *latifolia* J. K. Sim & Y. S. Kim, *Iris rossii* f. *purpurascens* Y. N. Lee

自然分布

产中国辽宁南部。也产日本和朝鲜半岛。

迁地栽培形态特征

多年生草本植物，丛生，高15~20cm。

根状茎 较粗，红棕色，生有许多结节状的突起。

叶 条形或狭披针状条形，长4~10（15）cm，宽2~5mm，有2~4条纵脉。

花茎 甚短，不伸出地面，基部有2~3枚狭条形或狭披针形的叶片；苞片2枚，狭披针形，长4~7cm，宽5~8mm，内含1朵花。

花 蓝紫色或红紫色，直径3.5~4cm；花梗长约1cm；花被管细长，长5~7cm；外花被裂片倒卵形，长约3cm，宽0.8～1.2cm，无附属物，中脉隆起，黄色，周围白色花斑；内花被裂片倒卵形或倒宽披针形，长约2.5cm，宽约8mm，盛开时向外斜伸；雄蕊长约1.5cm；花柱长约2cm；子房长约1cm。

果 圆球形，直径约1cm，顶端有喙。种子棕褐色，扁平，半圆形，有白色附属物。

引种信息

沈阳农业大学 2009年于辽宁省丹东市凤城市五龙背五龙山引种植株20余株（编号YW74）。

物候信息

沈阳农业大学 花期5月，果期5～7月。

迁地栽培要点

喜生长在林缘或林下砂土中。在沈阳地区可露地栽培。

主要用途

用于观赏。

52 矮紫苞鸢尾

Iris ruthenica var. **nana** Maxim.

植株

《中国植物志》记载紫苞鸢尾（*I. ruthenica* Ker-Gawl.）与矮紫苞鸢尾的分布范围与植株大小存在明显差异：矮紫苞鸢尾植株高8~15cm，叶宽1.5~3mm，分布于东北亚地区和中国西南地区；紫苞鸢尾植株高20~25cm，叶宽3~6mm，分布于东北亚地区和中国新疆。沈云光等（2007）报道云南省产矮紫苞鸢尾染色体数目为$2n = 42$。毕晓颖和郑洋研究发现东北地区产矮紫苞鸢尾染色体数目均为$2n = 42$。紫苞鸢尾染色体数目为$2n = 84$（British Iris Society, 1997）。因此，本书将中国东北地区和西南地区产本种相关材料处理为矮紫苞鸢尾，并推测紫苞鸢尾可能是矮紫苞鸢尾的四倍体，这可能也是两者植株大小差异的主要原因，两者分类学地位仍需进一步考证。

自然分布

产中国黑龙江、吉林、辽宁、内蒙古、河北、山西、山东、河南、江苏、浙江、陕西、甘肃、宁夏、四川、云南、西藏。也产俄罗斯。

迁地栽培形态特征

多年生草本植物。花期高约12cm、叶宽6~8mm，果期高约35cm、叶宽约1cm。

根状茎 斜伸，二歧分枝，节明显，外包以棕褐色老叶残留的纤维，直径3~5mm。
叶 条形，灰绿色，花期高约12cm、宽6~8mm，果期高约35cm、宽约1cm，有3~5条纵脉。
花茎 略短于叶，高15~20cm，有2~3枚茎生叶；苞片2枚，膜质，绿色，边缘带红紫色，长约3cm，宽0.8~1cm，中脉明显，内含1朵花。
花 蓝紫色，直径5~5.5cm；花梗长0.6~1cm；花被管长1~1.2cm；外花被裂片倒披针形，长约4cm，宽0.8~1cm，有白色及深紫色的斑纹；内花被裂片狭倒披针形，直立，长3.2~3.5cm，宽约6mm；雄蕊长约2.5cm，花药乳白色；花柱分枝长3.5~4cm；子房长约1cm。
果 蒴果球形或卵圆形，直径1.2~1.5cm，6条肋明显，顶端无喙，成熟时自顶端向下开裂。

引种信息

上海辰山植物园　2006年于云南省香格里拉高山植物园引种植株10株（引种号20060279）；2014年于新疆维吾尔自治区伊犁市引种植株10株（引种号20140980）；2015年于北京市雾灵山引种植株1株（引种号20151986）；2015年于北京市百花山引种植株5株（引种号XYE-15-05）。

上海植物园　2017年于北京市百花山国家级自然保护区引种植株3株（引种号SHBGIridaceae 201711）；2017年于山东省青岛市莱西市大青山省级森林公园引种植株5株（引种号SHBGIridaceae 201714）；2020年于山东省日照市引种植株1丛约10小株。

北京植物园　2015年于北京市怀柔区引种植株20株（引种号2015-54）。

沈阳农业大学　2008年于辽宁省东港市长安镇引种植株35株（引种号YW49）。

物候信息

上海辰山植物园　未开花。

上海植物园　北京引种的材料已死亡。山东地区引种材料长势良好，未开花。

北京植物园　花期4月，果期5月。

沈阳农业大学　花期5月上旬，果期5~6月。

迁地栽培要点

生于向阳砂质地或山坡草地。喜全日照和排水良好。盆栽时将草炭、营养土、原土和珍珠岩等体积拌匀作为栽培介质。

主要用途

可作为地被植物或盆栽观赏。

植株

根状茎及须根

53 溪荪

别名： 东方鸢尾

Iris sanguinea Donn ex Hornerm.
Iris extremorientalis Koidz., *Iris nertschinskia* Lodd., *Iris orientalis* Thunb.

花序

自然分布

产黑龙江、吉林、辽宁、内蒙古。

迁地栽培形态特征

多年生草本植物，丛生，高60cm。

- **根状茎** 粗壮，斜伸。
- **叶** 条形，长20~60cm，宽0.5~1.3cm，中脉不明显。
- **花茎** 实心，高40~60cm，具1~2枚茎生叶；苞片3枚，膜质，绿色，长5~7cm，宽约1cm，内含2朵花。
- **花** 蓝紫色至浅蓝色，直径6~7cm；花被管长0.8~1cm，直径约4mm；外花被裂片倒卵形，长4.5~5cm，宽约1.8cm，无附属物，基部有黑褐色的网纹和黄色斑纹；内花被裂片狭倒卵形，直立，长约4.5cm，宽约1.5cm；雄蕊长约3cm，花药黄色，花丝白色，丝状；花柱分枝长约3.5cm，宽约5mm；子房长1.5~2cm，直径3~4mm。
- **果** 长卵状圆柱形，长3.5~5cm，直径1.2~1.5cm，成熟时自顶端向下开裂至1/3处。种子扁平，半圆形，直径4~5mm。

引种信息

昆明植物园 1999年于南京中山植物园引种植株6丛、种子多数（引种号99-374）。
上海辰山植物园 2014年于辽宁省沈阳市植物园引种种子200粒（引种号20141069）。
上海植物园 2020年于黑龙江省齐齐哈尔市富裕县收集植株30株（引种号SHBGIridaceae202006）。
北京植物园 1975年于德国引种种子15粒（引种号1975-29）。
沈阳农业大学 2010年于辽宁省本溪满族自治县久才峪引种植株10株（引种号YW112）。

物候信息

昆明植物园 花期4~5月，果期7月。
上海辰山植物园 花期4月，果期5~8月。
上海植物园 长势良好，暂未开花。
北京植物园 花期4~5月，果期6~8月。
沈阳农业大学 花期5~6月，果期6~9月。

迁地栽培要点

自然生长于沼泽地或草甸中，喜阳，耐寒，耐湿热。在植株生长旺盛期和开花期需水量大，在冬季休眠期避免土壤有积水。

主要用途

观赏，也可用于培育西伯利亚鸢尾类（英文名Siberian irises）园艺品种。

种内不同花色

常见蓝紫色

果

54 山鸢尾

Iris setosa Pall. ex Link

Iris brachycuspis Fisch. ex Sims, *Iris brevicuspis* Fisch. ex Sims, *Iris yedoensis* Franch. & Sav., *Xiphion brachycuspis* (Fisch. ex Sims) Alef., *Xyridion setosum* (Pall. ex Link) Klatt.

花序

花

自然分布

产中国吉林长白山区。也产于日本、朝鲜、俄罗斯及北美。

迁地栽培形态特征

多年生草本植物，丛生，高100cm。

根状茎 粗，斜伸，灰褐色。

叶 剑形或宽条形，长30~60cm，宽0.8~1.8cm，顶端渐尖，基部鞘状，无明显的中脉。

花茎 光滑，高60~100cm，上部有1~3个细长的分枝，有1~3枚茎生叶；每个分枝处生有苞片3枚，膜质，绿色略带红褐色，长2~4cm，宽0.8~1.6cm。

花 蓝紫色，直径7~8cm；花梗细，长2.5~3.5cm；花被管长约1cm；外花被裂片宽倒卵形，长4~4.5cm，宽2~2.5cm，基部黄色，上有紫红色脉纹，无附属物；内花被裂片严重退化，狭披针形，长约2.5cm，宽约5mm，直立；雄蕊长约2cm，花药紫色，花丝与花药等长；花柱分枝长约3cm，宽1.6~2cm；子房长约1cm。

🟣 **果** 椭圆形至卵圆形，长约3cm，直径1.8~2cm，顶端无喙，6条肋明显突出。种子梨形，淡褐色，表面光滑，有光泽，长约6mm。

引种信息

  上海植物园 2020年于吉林省长白山国家级自然保护区引种植株10株（引种号SHBGIridaceace202007）。
  北京植物园 2010年于吉林省长白山国家级自然保护区引种植株15株（引种号2010-1755）。
  沈阳农业大学 2008年于吉林省安图县二道白河镇引种植株20余株（引种号YW 38）。

物候信息

  上海植物园 长势良好，未开花。
  北京植物园 花期5月，果期6~7月。
  沈阳农业大学 花期5~6月，果期6~8月。

迁地栽培要点

  喜向阳、湿润的环境，耐湿热，耐寒，在上海和沈阳地区均可露地栽培。

主要用途

  可用于观赏，也可用于湿生型鸢尾品种培育。

55
小花鸢尾

别名： 亮紫鸢尾、八棱麻、六轮茅

Iris speculatrix Hance
Iris grijsii Maxim.

自然分布

产中国安徽、浙江、福建、湖北、湖南、江西、广东、广西、四川、贵州和香港。

迁地栽培形态特征

多年生常绿草本植物，丛生，高25~30cm。

根状茎 二歧状分枝，斜伸，棕褐色，须根少分枝。

叶 暗绿色，有光泽，条形，长15~30cm，宽0.6~1.2cm，基部鞘状，有3~5条纵脉。

花茎 不分枝或偶有侧枝，高20~25cm，有1~2枚茎生叶；苞片2~3枚，草质，绿色，长5.5~7.5cm，内含1~2朵花。

花 花梗长3~5.5cm；花蓝紫色或淡蓝紫色，直径5.6~6cm；花被管长约5mm；外花被裂片狭倒披针形，长约3.5cm，宽约9mm，中脉隆起，鲜黄色，有深紫色的环形斑纹；内花被裂片狭倒披针形，长约3.7cm，宽约9mm，直立；雄蕊长约1.2cm，花药白色，较花丝长；花柱分枝长约2.5cm，宽约7mm；子房长1.6~2cm，直径约5mm。

果 椭圆形，长5~5.5cm，直径约2cm，顶端有细长而尖的喙，果梗于花凋谢后弯曲成90°角，使果实呈水平状态。种子球形，直径2.5~3mm。新鲜的种子外具有一层白色肉质的假种皮，干燥后的种子一端有白色附属物。

此外，上海植物园从湖北神农架收集的1个种群所有个体叶片灰绿色，花外轮花被片白色，内轮花被片浅紫色，果梗在花凋谢后不弯曲成90°角，其他特征与原变种相同。另外从湖南江永县收集的1个种群所有个体植株高约50cm，叶宽约1.2cm，开花特征与原变种相同，未观察到其果实性状。这2份材料的分类学地位有待进一步考证。

引种信息

上海辰山植物园 2006年于浙江省临安龙塘山自然保护区引种植株5株（20060057）；2013年于安徽省安庆市岳西县引种植株5株（引种号20130958）。

上海植物园 2017年于浙江省临安天目山国家级自然保护区引种植株5株（引种号SHBGIridaceae201710）；2018年于湖北省神农架国家级自然保护区引种植株1株；2020年于湖南省永州市江永县引种植株10株。

南京中山植物园 2016年引种自浙江省（引种号201601）。

物候信息

上海辰山植物园 花期5月，未结果。

上海植物园 花期5月，果期5~7月。

南京中山植物园 花期5月，未结果。

迁地栽培要点

喜生长在林缘砂土中，耐湿热，不耐寒，适合长江以南地区栽培。

主要用途

适合盆栽观赏，或用作地被植物。

浙江天目山生境　外轮花被裂片中脉隆起　花　花　果梗弯曲成90°

56 准噶尔鸢尾

Iris songarica Schrenk ex Fisch. & C. A. Mey.

自然分布

产我国陕西、甘肃、宁夏、青海、新疆、四川。也产俄罗斯、伊朗、土耳其、阿富汗和巴基斯坦。

迁地栽培形态特征

多年生草本植物，丛生，高70~80cm。

根状茎 不明显、木质、块状。

叶 灰绿色，条形，花期长15~23cm，宽2~3mm，果期长70~80cm，宽0.7~1cm，有3~5条纵脉。

花茎 高25~50cm，有3~4枚茎生叶；花下苞片3枚，草质，绿色，边缘膜质，颜色较淡，长7~14cm，宽1.8~2cm，内含2朵花。

花 蓝色，直径8~9cm；花梗长4.5cm；花被管长5~7mm，外花被裂片提琴形，长5~5.5cm，宽约1cm；内花被裂片倒披针形，长约3.5cm，宽约5mm，直立；雄蕊长约2.5cm，花药褐色；花柱分枝长约3.5cm，宽约1cm；子房纺锤形，长约2.5cm。

果 信息不详。

引种信息

上海辰山植物园 2016年于新疆维吾尔自治区引种植株5株（引种号XYE-16-038）。

物候信息

上海辰山植物园 未开花，已死亡。

迁地栽培要点

自然生长于向阳的高山草地、坡地及石质山坡。喜向阳和排水良好的土壤。

主要用途

观赏。

青海可可西里生境

57 细叶鸢尾

别名： 老牛拽、细叶马蔺、丝叶马蔺

Iris tenuifolia Pall.

自然分布

产中国黑龙江、吉林、辽宁、内蒙古、河北、山西、陕西、甘肃、宁夏、青海、新疆、西藏。也产俄罗斯、蒙古、阿富汗和土耳其。

迁地栽培形态特征

多年生草本植物，丛生。

根状茎 块状，短而硬，木质。

叶 质地坚韧，丝状或狭条形，长20~60cm，宽1.5~2mm，扭曲，无明显的中脉。

花茎 甚短，不伸出地面；苞片4枚，披针形，长5~10cm，宽8~10cm，内含2~3朵花。

花 蓝紫色，直径约7cm；花梗细，长3~4mm；花被管长4.5~6cm，外花被裂片匙形，长4.5~5cm，宽约1.5cm，中脉上无附属物，生有纤毛；内花被裂片倒披针形，长约5cm，宽约5mm，直立；雄蕊长约3cm，花丝与花药近等长；花柱分枝长约4cm，宽4~5mm；子房细圆柱形，长0.7~1.2cm，直径约2mm。

果 倒卵形，长3.2~4.5cm，直径1.2~1.8cm，顶端有短喙，成熟时沿室背自上而下开裂。种子扁半圆形，表面皱缩。

引种信息

上海辰山植物园 2014年11月于新疆维吾尔自治区伊犁哈萨克自治州引种植株5株（引种号XYE-14-11）；2016年4月于甘肃省玉树藏族自治州可可西里引种植株5株（引种号XYE-16-014）。

北京植物园 2010年于内蒙古自治区锡林郭勒盟正蓝旗引种种子800粒（引种号2010-1685）。

沈阳农业大学 于2011年10月辽宁省阜新市彰武县引种植株5株（编号YW125）。

物候信息

上海辰山植物园 未开花。已经死亡。

北京植物园 花期4月，果期5~6月。

沈阳农业大学 花期4月末至5月初，果期5~6月。

迁地栽培要点

生于向阳的高山草地、坡地及石质山坡。喜向阳和排水良好的地区。在沈阳和北京地区可露地栽培。

主要用途

观赏。叶可制绳索或脱胶后制麻。

58 北陵鸢尾

别名： 香蒲叶鸢尾

Iris typhifolia Kitag.
Limniris typhifolia (Kitag.) Rodion.

自然分布

产中国黑龙江、吉林、辽宁、内蒙古。

迁地栽培形态特征

多年生草本植物，丛生，高60cm。

根状茎 较粗，斜伸。

叶 条形，扭曲，花期长30~40cm，宽约2mm，果期长90cm，宽2~3mm，中脉明显。

花茎 中空，高50~60cm，有2~3枚茎生叶；苞片3~4枚，膜质，有棕褐色或红褐色的细斑点，长5.5~6cm，宽1~1.2cm。

花 蓝紫色，直径6~7cm；花梗长1~5cm；花被管长约5mm；外花被裂片倒卵形，长5~5.5cm，宽约2cm，中脉上无附属物，有黄褐色和白色斑纹；内花被裂片倒披针形，长4.5~5cm，宽1~1.2cm；雄蕊长约3cm，花药黄褐色，花丝白色；花柱分枝长约3.5cm，宽1~1.2cm；子房长1.5~2cm，直径2~3mm。

果 三棱状椭圆形，长4.5~5cm，直径1.2~1.5cm，具6条肋，其中3条较明显，室背开裂。种子扁平，半圆形，直径约5mm。

引种信息

上海辰山植物园 2007年于内蒙古自治区呼兰浩特市与吉林省白城市交界处引种植株10株（引种号20070206）。

沈阳农业大学 2011年于黑龙江省佳木斯市申家店镇引种植株20余株。

物候信息

上海辰山植物园 花期4月，果期5~7月，种子发育不良。

沈阳农业大学 花期5月，果期6~9月。

迁地栽培要点

喜阳，耐湿热、耐干旱、耐盐碱，在上海和沈阳地区均可露地栽培。

主要用途

观赏价值高，在欧美国家园林中已有栽培应用。也可用于培育西伯利亚鸢尾类园艺品种。

花序

植株

根状茎及须根

59 单花鸢尾

Iris uniflora Pall. ex Link

植株

　　单花鸢尾和紫苞鸢尾在形态上存在明显差异：单花鸢尾苞片干膜质，叶色翠绿，表面基本无白粉，叶片互相嵌迭紧实；矮紫苞鸢尾苞片膜质，叶灰绿色，表面有白粉，叶嵌迭不紧实。

自然分布

　　产中国黑龙江、吉林、辽宁、内蒙古。也产俄罗斯。

迁地栽培形态特征

根状茎 细长，斜伸，二歧分枝，节处略膨大，棕褐色。

叶 条形或披针形，花期长5～20cm，宽0.4～1cm，果期长30～45cm，无明显的中脉。

花茎 中下部有1枚膜质、披针形的茎生叶；苞片2枚，等长，干膜质，黄绿色，长2～3.5cm，宽0.8～1cm，内含1朵花。

花 蓝紫色，直径4～4.5cm；花梗甚短；花被管细，长约1.5cm；外花被裂片披针形，长约3cm，宽约8mm，平展；内花被裂片狭披针形，长约3cm，宽约3mm，直立；雄蕊长约1.5cm，花丝细长；花柱分枝扁平，与内花被裂片等长；子房长约5mm。

果 圆球形，直径0.8～1cm，基部宿存有黄色干膜质的苞片，成熟时顶端开裂。种子半圆形，直径约3mm。

引种信息

上海辰山植物园 2007年于吉林省长春市引种植株3株（引种号20070201）。

北京植物园 2010年于辽宁省沈阳市法库县引种植株8株（引种号2010-1704）。

沈阳农业大学 2008年于辽宁省锦州市北镇市医巫闾山引种植株20余株（引种号YW 46）；2008年于吉林省吉林市蛟河市引种植株20余株（引种号YW50）。

物候信息

上海辰山植物园 未开花，2008年夏季死亡。

北京植物园 花期5月，果期6月。

沈阳农业大学 花期5月，果期6月。

迁地栽培要点

生于干山坡、林缘、路旁及林中旷地，多成片生长。喜全日照和排水良好。

主要用途

本种可作为地被植物或盆栽观赏。

果

根状茎及须根

60 囊花鸢尾

别名: 巨苞鸢尾

Iris ventricosa Pall.
Sclerosiphon ventricosum (Pall.) Rodion., *Xyridion ventricosum* (Pall.) Klatt

花凋谢后苞片变为白色干膜质　　花

自然分布

产我国黑龙江、吉林、辽宁、内蒙古和河北。也产俄罗斯和蒙古。

迁地栽培形态特征

多年生草本植物，丛生，高35cm。

根状茎 生于地下，不明显，木质，块状。

叶 条形，长20~35cm，宽3~4mm，纵脉多条，无明显的中脉。

花茎 高10~15cm，圆柱形，有1~2枚茎生叶；苞片3枚，草质，边缘膜质，卵圆形或宽披针形，长6~8cm，宽2.5~4cm，花凋谢后苞片为白色。

花 蓝紫色，直径6~7cm；花梗长1~1.5cm；花被管细长，丝状，长2.5~4cm；外花被裂片匙形，长4.5~5cm，宽0.8~1cm，中脉上有稀疏的单细胞纤毛，无附属物；内花被裂片宽条形或狭披针形，长3.5~4cm，宽7~8mm；雄蕊长3~3.5cm，花药黄紫色；花柱分枝长3.5~3.8cm，宽约6mm；子房圆柱形，中部略膨大，长1.5cm，直径2.5~3mm。

果 三棱状卵圆形，长2.5~4cm，直径约1cm，基部圆形，顶端长渐尖，喙长2~4.5cm，6条肋明显，成熟时顶端向下开裂至1/3处。

引种信息

上海辰山植物园 2006年于内蒙古乌兰浩特市引种植株9株（引种号20070204）；2018年于陕西省引种植株3株（引种号20182913）。

北京植物园 2010年于河北省崇礼县狮子沟村引种植株10株（引种号2010-1684）

沈阳农业大学 2014年于辽宁省葫芦岛市南票区木匠沟村引种植株15株（引种号YW130）。

物候信息

上海辰山植物园 2007年夏季死亡。

北京植物园 花期5~6月，果期7~8月。

沈阳农业大学 花期5月，果期6~8月。

迁地栽培要点

生于向阳的高山草地、坡地及石质山坡。喜向阳和排水良好的地区。

主要用途

观赏。

61 高原鸢尾

Iris collettii Hook. f.
Iris duclouxii H. Lév., *Iris nepalensis* f. *depauperata* Collett & Hemsl., *Iris nepalensis* var. *letha* Foster.

植株

自然分布

产中国四川、云南、西藏。

迁地栽培形态特征

多年生草本植物，丛生，高20~35cm。

根状茎 短，节不明显；根膨大略成纺锤形，棕褐色，肉质。

叶 基生，条形或剑形，花期长10~20cm，宽2~5mm，果期长20~35cm，宽1.2~1.4cm，基部鞘状，互相套迭，有2~5条纵脉。

花茎 不伸出地面；苞片绿色，长2~4cm，顶端渐尖，中脉明显，内含1~2朵花。

花 深蓝色或蓝紫色，直径3~3.5cm；花被管细长，长5~7cm，直径1~1.5mm；外花被裂片椭圆状倒卵形，长约4.5cm，中脉上有橘黄色须毛状附属物；内花被裂片倒披针形，长3~3.5cm，直立；雄蕊长约2.3cm，花药黄色，花丝白色；花柱分枝长约2cm。

果 三棱状卵形，长1.5~2cm，直径1.3~1.5cm，顶端有短喙，成熟时自上而下开裂至1/3处，苞片宿存于果实基部。种子长圆形，黑褐色，无光泽。《中国植物志》记载本种种子无附属物，但作者观察到种子一端有白色附属物。

引种信息

昆明植物园 2000年、2004年引种于云南省丽江市玉龙雪山甘海子引种植株16株（引种号00614和040911）；2000年于云南省昆明市嵩明县果东引种植株20株（引种号00-337）。

上海辰山植物园 2006年于云南省迪庆藏族自治州香格里拉引种植株5株和种子50粒（引种号20060276）；2009年引种自云南省大理白族自治州引种植株5株（引种号20090450）。

上海植物园 2018年于西藏自治区林芝市引种植株5株。

物候信息

昆明植物园 花期6月，果期8月。已死亡。

上海辰山植物园 花期5月。

上海植物园 未开花。已死亡。

迁地栽培要点

喜向阳和排水良好的土壤。10月采收种子后直接播种，覆土约1cm，放置在塑料大棚中（温度不低于5OC）保持湿润，大约1周后即可萌发。英国人已成功将本种驯化成功。

主要用途

观赏。

果

62
尼泊尔鸢尾

Iris decora Wall.

Iris nepalensis D. Don, *Iris sulcata* Wall., *Iris yunnanensis* H.Lév., *Evansia nepalensis* Klatt, *Junopsis decora* (Wall.) Wern. Schulze, *Neubeckia decora* (Wall.) Klatt, *Neubeckia sulcata* (Wall.) Klatt

自然分布

产我国四川、云南、西藏。也产于印度、不丹、尼泊尔。

迁地栽培形态特征

多年生草本植物，丛生，高约60cm。

根状茎 短而粗，节不明显；根膨大略成纺锤形，棕褐色，肉质。

叶 条形，花期叶长10~20（~28）cm，宽2~3（~8）mm，果期长可达60cm，宽6~8mm，顶端长渐尖，有2~3条纵脉。

花茎 高10~25cm，直径2~3mm，果期高35cm，上部多分枝，中、下部有1~2枚茎生叶；苞片3枚，膜质，绿色，披针形，长4.5~7cm，宽约1cm，顶端渐尖或长渐尖，内含2朵花。

花 花蓝紫色或浅蓝色，直径2.5~6cm；花梗长1~1.5cm；花被管长2.5~3cm，外花被裂片长椭圆形至倒卵形，长约4cm，宽约1.8cm，中脉上有黄色须毛状的附属物；内花被裂片狭椭圆形，长约4cm，宽约1.2cm；雄蕊长约2.5cm，花药淡黄白色；花柱分枝长约3.5cm，顶端裂片边缘有稀疏的牙齿。

果 卵圆形，长2.5~3.5cm，直径约1cm，顶端有短喙。种子长圆形，黑褐色，无光泽，长2~4mm，一端具有白色附属物。

引种信息

上海辰山植物园 2009年于云南省大理白族自治州苍山引种植株3株（引种号20090455）；2016年引种自西藏自治区（引种号XYE-16-029）；2017年于西藏自治区山南市乃东区结巴乡格桑村二组引种植株5株（20172319）。

上海植物园 2018年引种自西藏自治区林芝市（引种号SHBGIridaceae201805）。

物候信息

上海辰山植物园 编号为20172319的个体花期为5月，其他收集个体死亡。

上海植物园 未开花，2018年夏季死亡。

迁地栽培要点

生于向阳的高山草地、坡地及石质山坡。喜阳、冷凉和排水良好的生长环境。

主要用途

观赏。据《尼泊尔药用植物》记载，根部入药，内服有轻泻、利尿作用，外用治疗疔疮及伤肿。

外轮花被裂片中脉具黄色须毛状附属物

西藏林芝原始生境

花序

63
中甸鸢尾

别名： 小兰花

Iris subdichotoma Y.T. Zhao

花序

自然分布

产中国云南西北部。

迁地栽培形态特征

本种具有肉质根，外轮花被片中脉上有橘黄色鸡冠状附属物，而《中国植物志》（1985）中并未提及这些重要特征。2004年，沈云光等对中甸鸢尾的分类地位进行了报道，从形态特征、开花习性和花粉外壁纹饰等方面获得的证据，支持将此种归入尼泊尔鸢尾亚属。本书同意该观点。

根状茎 粗，短，肉质。

叶 剑形或宽条形，花期长20~25cm，宽1~1.5cm，果期长40cm，宽约2cm，直立或略内弯，基部鞘状互相套迭，无明显的中脉。

花茎 高25~40cm，上部有2~5个分枝；苞片3~5枚，绿色，边缘膜质，长2.5~3.5cm，宽7~8mm，簇生于花茎分枝处，内含2~4朵花。

🌸 花 蓝紫色，直径约5cm；花梗长3~4cm；花被管长约2cm；外花被裂片长约4cm，宽约7mm，中脉上有黄色的鸡冠状的附属物；内花被裂片长约3cm，宽约4mm；雄蕊长约2.2cm，花丝比花药长；花柱分枝长约3cm；子房长约1.5cm，直径约0.5cm。

🍎 果 长圆柱形，长5~6cm，直径约1cm，6条肋微突出，成熟时自顶端向下开裂至1/3处。种子球形，有翅。

引种信息

昆明植物园 2003年于云南省迪庆藏族自治州香格里拉县虎跳峡，引种植株6株（引种号030510）；2007年于云南省迪庆藏族自治州香格里拉县虎跳峡引种种子多数（引种号07-024）。

物候信息

昆明植物园 花期6月，未结果。已死亡。

迁地栽培要点

自然生长于向阳的高山草地、坡地及石质山坡。喜向阳和排水良好的土壤。

主要用途

观赏。

外轮花被裂片中脉具黄色鸡冠状附属物

64 野鸢尾

别名： 白射干、二歧鸢尾、扇子草、羊角草、老鹳扇、扁蒲扇

Iris dichotoma Pall.

Evansia dichotoma (Pall.) Decne., *Evansia vespertina* Decne, *Iris pomeridiana* Fisch. ex Klatt, *Pardanthopsis dichotoma* (Pall.) L.W. Lenz, *Pardanthopsis dichotoma* (Pall.) Ledeb.

L W Lenz（1972）依据分子生物学研究结果，将本种列入单种属 *Pardanthopsis*。2011年，C. A. Wilson通过分子系统学研究又将本种归入鸢尾属。作者认为野鸢尾花柱与雄蕊离生，分枝扁平，花瓣状，综合考虑现代分子系统学研究结果，本书支持将本种归入鸢尾属。

自然分布

产中国黑龙江、吉林、辽宁、内蒙古、河北、山西、山东、河南、安徽、江苏、江西、陕西、甘肃、宁夏、青海。也产俄罗斯和蒙古。

迁地栽培形态特征

多年生草本植物，高60~80cm。

根状茎 不规则的块状，棕褐色或黑褐色。

叶 基生或在花茎基部互生，剑形，长15~35cm，宽1.5~3cm，顶端多弯曲呈镰刀形，基部鞘状抱茎，无明显的中脉。

花茎 实心，高60~80cm，上部二歧状分枝，分枝处生有披针形的茎生叶，下部有1~2枚茎生叶，花序生于分枝顶端；苞片4~5枚，膜质，绿色，边缘白色，披针形，长1.5~2.3cm，内包含有3~4朵花。

花 蓝紫色、浅紫色、粉紫色、白色或黄白色，直径4~4.5cm；花梗细，常超出苞片，长2~3.5cm；花被管甚短，外花被裂片长3~3.5cm，宽约1cm，上部向外反折，无附属物，有紫色的斑纹和斑点；内花被裂片长约2.5cm，宽6~8mm；雄蕊长1.6~1.8cm，花药与花丝等长；花柱分枝扁平，花瓣状，长约2.5cm；子房绿色，长约1cm。

果 圆柱形或略弯曲，长3.5~5cm，直径1~1.2cm，果皮黄绿色，革质，成熟时自顶端向下开裂至1/3处。种子暗褐色，椭圆形，有小翅，长约4mm。

引种信息

上海辰山植物园 2007年引种自内蒙古自治区乌兰浩特市（引种号20070203）；2007年引种自山东省济南市莱芜市莲花山（引种号20070941）；2009年引种自吉林省长白山国家级自然保护区（引种号20090468）；2015年引种自北京市延庆区（引种号20151987）。

上海植物园 2017年引种自山东省青岛市莱西市大青山国家森林公园（引种号SHBGIridaceae201715）；2017年引种自山东省淄博市沂源县（引种号SHBGIridaceae201716）。

北京植物园 2002年于北京市门头沟东灵山引种植株15株（引种号2002-541）。

沈阳农业大学 2007年于内蒙古自治区大青沟自然保护区保护引种植株27株（引种号YW9）；2008年于山西省运城市平陆县洪池乡刘湛村引种植株100株（引种号YW46）；2008年于辽宁省北镇市医巫闾山引种幼苗30株（引种号YW50）；2009年于黑龙江省嫩江县门鲁镇喜鹊河村引种植株14株；

2016年于山东省济南市千佛山引种植株15株；2017年于辽宁省营口市盖州市西海引种植株50株。

物候信息

通常在下午16:00左右开花，晚上19:00~20:00点闭合，单朵花花期短。整体花期由栽培地自北向南依次延迟。

上海辰山植物园　花期7~8月，果期8~10月。
上海植物园　花期7~8月，果期8~10月。
北京植物园　花期7~8月，果期8~9月。
沈阳农业大学　花期6~7月，果期7~9月。

迁地栽培要点

生于砂质草地、山坡石隙等向阳干燥处。不耐水湿。

主要用途

可用于观赏。种内花色变异大。1967年，美国育种者S. Norris将本种与射干杂交，获得了一些花色缤纷、开花量巨大的杂交后代。该类鸢尾品种7~8月开花，花凋谢时花被片呈螺旋状慢慢卷起，加上圆球形的果实，形似糖果，因此被称为糖果鸢尾。

花序

幼苗　花序　果　种子　花　花　花　花

65
布哈拉鸢尾

别名： 玉米叶鸢尾

Iris bucharica Foster

植株

自然分布

产阿富汗东北部、塔吉克斯坦和乌兹别克斯坦。

迁地栽培形态特征

多年生草本植物，高约35cm。

🔘鳞茎 扁球状，长4cm，直径约2.5cm，着生肉质须根，长5～10cm，黄白色。

🔘叶 横切面槽式，套迭，上表面光滑绿色，下表面灰绿色，长20～30cm，宽5～6.5mm。

🔘花茎 伸出地面，高30～45cm，有5～7枚抱茎的茎生叶，每个叶腋内开1朵花。

🔘花 黄白色，直径6.5～7cm，几乎无花梗；外轮花被片倒卵形，上部向外反折，长约5cm，宽2.5cm，上有鸡冠状突起物，爪部白色或浅黄色，中部至顶端橙黄色，上有绿色脉纹，顶端下垂；内轮花被片狭小，宽3～5mm，质地轻薄，下垂；雄蕊白色，长约2cm，花药黄白色；花柱分枝黄白色；子房长椭圆形，长约2cm。

🟣 **果** 信息不详。

引种信息

    上海植物园　2018年于南京虹彩花卉有限公司引种种球10个。

物候信息

    上海植物园　花期4月，未结果。

迁地栽培要点

    喜向阳和排水良好的土壤。本种是近年来从国外引进的一种球根类鸢尾，通常在10月份栽培，覆土深度4~5cm，需水量一般，在3月中旬可施复合肥1~2次。

主要用途

    观赏。

花

外轮花被裂片中脉具鸡冠状附属物

鳞茎

66 荷兰鸢尾

Iris × *hollandica*

自然分布

该植物为一个人工杂交品种群，亲本复杂，主要由西班牙鸢尾亚属的吉塔纳鸢尾（*Iris tingitana*，中文名新拟）、西班牙鸢尾（*I. xiphium*，中文名新拟）和葡萄牙鸢尾（*I. lustanica*，中文名新拟）等种杂交获得。在世界各地广泛栽培。

迁地栽培形态特征

多年生草本植物，高37.5~70cm。

鳞茎 卵圆形，长4.5cm，直径约2.5cm，上有膜质包被，基部具有须根。

叶 横切面为槽式，基部鞘状，长30~60cm。

花茎 高30~45cm，无分枝，茎生叶4~5枚，内含1~2朵花。

花 直径7.5~10cm；无花被管，有白、金、黄、红褐、褐或蓝紫色等，外轮花被裂片匙形，爪部狭长，基部具有鲜黄色花斑；内轮花被裂片倒披针形，直立，长约3cm，宽约1cm；雄蕊花丝和花药颜色不一；花柱3裂，花瓣状。子房长椭圆形，长2.5~3cm。

果 信息不详。

引种信息

上海植物园　2018年于上海种业（集团）有限公司引种种球100个。

物候信息

上海植物园　花期4月中下旬，未结果。7~8月休眠。

迁地栽培要点

喜向阳和排水良好的土壤。上海地区通常在10~11月栽培，覆土4~5cm，栽培后浇透水。在3月开花前施肥1~2次。

主要用途

可用于观赏，也是著名的切花植物。

67
剑鸢尾

Iris kolpakowskiana Regel Trudy Imp. S.-Peterburgsk. Bot. Sada (1877) 5: 263, 634.
Iridodictyum kolpakowskiana (Regel) Rodion.

本种鳞茎具有网状包被，与网脉鸢尾亚属（subg. *Hermodactyloides*）种类鳞茎特征相似。但本种叶片横切面为槽式，这一特征又与鸢尾属中朱诺鸢尾亚属（subg. *Scorpiris*）和西班牙鸢尾亚属（subg. *Xiphium*）多数种类的叶片特征相似（Rodionenko, 1984）。采用叶绿体基因数据构建的系统发育树也显示本种分类学地位特殊（Wilson, 2011）。《中国植物志》（1985）中未记载。《新疆植物志》（第6卷）（1996）年中记载本种，学名为其异名 *Iridodictyum kolpakowskiana*。因为本书主要参考 Mathew（1981）分类系统，因此认为本种仍作鸢尾属种类处理，学名为 *Iris kolpakowskiana*。本种分类学地位有待进一步考证。

自然分布
产中国新疆伊犁地区，也分布于中亚地区哈萨克斯坦和乌兹别克斯坦天山山脉。

迁地栽培形态特征
多年生草本植物，植株高10~15cm，花后植株高25~30cm。

鳞茎 扁圆球形，直径约1.5cm，外有黄褐色网状膜质包被。

叶 基生，3~5枚，基部膜质，鞘状，灰绿色，线形，具中脉、边缘较薄，上部对外弯曲，长5~8cm，宽1~1.5mm。

花茎 直立，无分枝，不伸出地面。

花 花被基部联合成花被管，长3~5cm；外轮花被片披针形或长圆形，长2~2.5cm，基部渐细，爪部楔形，外部为紫色，中部至基部白色，上有紫色脉纹，中脉鲜黄色；内花被裂片长圆形，浅紫色，2.5~3cm，直立；花柱分枝花瓣状，顶端裂片细长而尖锐，长约2cm，柱头不分裂；雄蕊长1.5cm，花药白色；子房3室，长1.5~2cm。

果 纺锤状椭圆形，长2.5~3cm，种子圆球形，表皮褶皱，黄褐色，无附属物。

引种信息
上海辰山植物园 2014年于新疆维吾尔自治区伊犁哈萨克自治州巩留县引种植株10株。

物候信息
自然生境下花期为3~4月，果期为5月。

迁地栽培要点
喜向阳且春季潮湿、夏季干燥的环境。

主要用途
本种是我国境内分布的唯一一种球根类鸢尾属植物。株型矮小，花小巧可爱，可用于盆栽观赏和培育园艺新品种。

俄罗斯生境

俄罗斯生境

68
网脉鸢尾

Iris reticulata M. Bieb.
Iris reticulata var. _atropurpurea_ Dykes, _Iris reticulata_ var. _cyanea_ Regel, _Iris reticulata_ var. _krelagei_ Regel, _Iris reticulata_ var. _reticulata_

植株

自然分布

产土耳其、伊朗、伊拉克、俄罗斯、高加索地区和南高加索地区。

迁地栽培形态特征

育种者们从本种选育了多个花色不一的园艺品种，本文描写的是网脉鸢尾品种'和谐'（*I. reticulata*

'Harmony')。

多年生草本植物，高25～30cm。

鳞茎 扁球形，泪滴形，长4.5cm，直径约2.5cm，外有膜质包被，呈网状，基部具有非肉质的须根。

叶 横切面近方形，细长，宽约5mm，花期长4～11cm，花后长25～30cm。

花茎 甚短，不伸出地面。

花 蓝紫色，直径约7.5cm；外轮花被片匙形，长约4cm，宽2cm，中脉隆起，鲜黄色，周围有白色斑纹和紫色斑点；内轮花被片倒披针形，直立，长约3cm，宽约1cm；雄蕊紫色，长约2cm，花药黄色；花柱3裂，花瓣状。子房长椭圆形，长约2cm。

果 信息不详。

引种信息

上海植物园 2018年于上海种业（集团）有限公司引种种球100个。

物候信息

上海植物园 花期2月，未结果。夏季休眠。

迁地栽培要点

喜向阳和排水良好的土壤。上海地区通常在秋季10～11月栽培，覆土深度为3cm，浇透水后，放置于向阳的地方。后期视土壤干旱程度浇水。无病虫害。

主要用途

株型矮小，花小巧可爱，可用于盆栽观赏。

植株

鳞茎

花

肖鸢尾属

Moraea Mill., Fig. Pl. Gard. Dict. 159. 1758. nom. et orth. cons.

多年生草本。地下部分为球茎，具有纤维状或木质化的包被。叶数枚，扁平或槽式。花茎有或无。花序顶生或仅在花茎顶端生1朵花。花辐射对称。外轮花被裂片基部具艳丽的花斑，部分种内轮花被裂片退化为线形或完全退化。花柱顶端3浅裂；花柱顶端3裂，分枝丝状或瓣化。花丝合生或部分合生。子房下位，3室，中轴胎座，胚珠多数。蒴果长圆柱形。全世界约198种，主要产于非洲亚撒哈拉地区，有120余种为南非开普敦植物区系特有种。我国园艺爱好者喜收集和栽培本属植物。

分种检索表

1a 花蓝紫色，内轮花被裂片宽约2cm·················70. 穗花肖鸢尾 *M. polystachya*
1b 花白色，内轮花被裂片退化为线形·················69. 孔雀肖鸢尾 *M. aristata*

69 孔雀肖鸢尾

Moraea aristata (D. Delaroche) Asch. & Graebn.
Ferraria ocellaris Salisb.

自然分布

为南非开普北部地区特有，中文名为新拟。

迁地栽培形态特征

多年生草本植物，丛生，高20cm。

球茎 扁圆球形，外包有棕褐色网状的膜质包被，直径为2cm。

叶 2~3枚，基生，线形，平展，长10~15cm，无明显中脉。

花茎 无分枝，2枚抱茎叶，单个花茎开1朵花，高约20cm。

花 白色，直径约4cm；花被管长约1.5cm；外轮花被裂片倒卵形，基部有纤毛，蓝黑色花斑，长3~3.5cm，宽约3cm；内轮花被裂片狭披针形，裂片退化为线形；雄蕊3，长1.5~1.8cm；花柱分枝3，扁平，花瓣状，浅蓝色，顶端2裂。

果 三棱状长圆柱形。

引种信息

成都　私人收集。

物候信息

成都　花期3月，未结果。5~10月休眠。

迁地栽培要点

属于夏季休眠、冬季生长型球茎类花卉，喜向阳和排水良好的环境，冬季温度不能低于0℃，选用疏松、透气的栽培基质。

主要用途

花型奇特，具有很高的观赏价值。

花

外轮花被基部具浅黄色毡绒状附属物

球茎

70 穗花肖鸢尾

Moraea polystachya (Thunb.) Ker Gawl.

花

自然分布

产非洲卡鲁、小卡鲁、开普东部到纳米比亚。

迁地栽培形态特征

多年生草本植物，丛生，高40cm。

球茎 扁圆球形，外包有棕褐色网状的膜质包被，直径为1.5~2cm。

叶 数枚，基生，线形，平展，长10~15cm，无明显中脉。

花茎 镰状聚伞花序组成大型聚伞花序，每镰状聚伞花序约有5朵花，高约40cm。

花 蓝紫色，直径约4cm；花被裂片6，2轮排列；外轮花被裂片宽披针形，基部有鲜艳的黄色花斑，长3.6~5cm、宽约1.5cm；内轮花被裂片披针形，长约2cm、宽约6mm；雄蕊3，花丝基部合生，与花柱分枝等长，1.5~1.8cm，花药紫黑色；花柱分枝3，扁平，花瓣状，顶端两裂，三角形，柱头生于花柱顶端裂片的基部。

🟣 **果** 三棱状长圆柱形,长6mm。

引种信息

上海植物园 2019年于趣味园艺公司引种种球10个。

物候信息

上海植物园 花期3月,果期4~5月。7~9月为休眠期,地上部分枯萎。

迁地栽培要点

喜向阳和排水良好的环境,冬季温度不能低于0℃,选用疏松、透气的栽培基质。

主要用途

适合盆栽观赏。

花

球茎

庭菖蒲属

Sisyrinchium L., Sp. Pl. 2: 954. 1753.

一年生或多年生草本。根状茎甚短，须根细弱。茎直立或基部斜上，圆柱形或有狭翅，节明显，上部多分枝。叶条形、披针形或剑形，无明显中脉。聚伞花序；基部有多枚叶状的苞片；花梗细长；花直径0.8~1.8cm，辐射对称，花蓝紫色，淡蓝色或淡黄色，喉部黄色；花被裂片6，同型，近于等大，2轮排列，基部多联合成短的花被管；雄蕊3，花丝基部联合或全部联合成管状；花柱1，细丝状，不分枝或上部3裂，或呈沟形；子房下位，圆球形，3室，胚珠多数。蒴果圆球形，卵圆形或长圆柱形，室背开裂；种子多数。

本属约140种，皆产于美洲。我国常见引种栽培的有3种。

分种检索表

1a. 花蓝色、蓝紫色或粉色；植株高度小于20cm ·················· 72. 庭菖蒲 *S. rosulatum*
1b 花黄色；植株高40~60cm。（2）
2a 叶片剑形，灰绿色，花茎有节 ························· 73. 直立庭菖蒲 *S. striatum*
2b 叶片条形，绿色，花茎无节 ························· 71. 棕叶庭菖蒲 *S. palmifolium*

71 棕叶庭菖蒲

Sisyrinchium palmifolium L.
Bermudiana marginata (Klatt) Kuntze, *Bermudiana palmifolia* (L.) Kuntze, *Eleutherine palmifolia* (L.) Merr., *Glumosia palmifolia* (L.) Herb., *Marica palmifolia* (L.) Ker Gawl., *Moraea alata* Vahl, *Moraea palmifolia* (L.) Thunb., *Paneguia palmifolia* (L.) Raf., *Sisyrinchium altissimum* Ten., *Sisyrinchium giganteum* Ten., *Sisyrinchium grande* Baker, *Sisyrinchium macrocephalum* Graham, *Sisyrinchium marginatum* Klatt

自然分布
产南美地区的阿根廷、巴西和乌拉圭。

迁地栽培形态特征
多年生常绿草本植物，丛生，高50~60cm。

根状茎 不明显。须根纤细，黄白色，多分枝。

叶 基生或互生，条形，长25~40cm，宽1~1.5cm，基部鞘状抱茎，顶端渐尖，无明显的中脉。

花茎 高55~60cm。单歧聚伞花序，基部具苞片2枚，狭披针形，边缘膜质，绿色，长4~8cm、宽4mm，内含25~30朵花。

花 黄色，直径1.2~1.5cm；花梗纤细，长1.5~3cm；花被管甚短；内、外轮花被裂片同形，等大，2轮排列，倒卵形至倒披针形，长约1.2cm，宽约4mm，顶端突尖；雄蕊3，花丝上部分离，下部合成管状，包住花柱，花药鲜黄色；花柱丝状，上部3裂。

果 球形，直径约5mm，黄褐色，成熟时室背开裂。种子多数，圆球形，黑褐色，直径约1.5mm。

引种信息
昆明植物园 引种信息缺失。

上海辰山植物园 2010年于上海上房园艺有限公司引种植株20株（引种号20107337）。

上海植物园 引种信息缺失。

物候
昆明植物园 花期5~6月，果期7月。

上海辰山植物园 花期5月，果期6~7月。

上海植物园 花期5月，果期6~7月。

迁地栽培要点
喜全日照或半遮阴环境，耐湿热，上海和昆明地区可露地栽培。

主要用途
观赏。

中国迁地栽培植物志·鸢尾科·庭菖蒲属

植株 植株 花序 花

72 庭菖蒲

Sisyrinchium rosulatum E. P. Bicknell
Sisyrinchium brownei Small, *Sisyrinchium exile* E.P. Bicknell

用作地被

自然分布

原产北美洲。

迁地栽培形态特征

一年生或短命型多年生草本植物,丛生,高20~25cm。

根状茎 须根纤细,黄白色,多分枝。

叶 叶基生或互生,狭条形,长6~9cm,宽2~3mm,基部鞘状抱茎,顶端渐尖,无明显的中脉。

花茎 纤细,高15~25cm,中下部有少数分枝,有1~2个节,少见3个节。花序顶生。苞片5~7枚,外侧2枚狭披针形,边缘膜质,绿色,长1.3~3.2cm、宽2~8mm,内侧3~5枚膜质,无色透明,内有4~6朵花。

花 淡紫色、粉色或紫红色,喉部黄色,直径0.8~1cm,花梗丝状,长约2.5cm,花被管甚短,内、外花被裂片同形,等大,2轮排列,倒卵形至倒披针形,长约1.2cm,宽约4mm,顶端突尖,雄蕊3,花丝上部分离,下部合成管状,花药鲜黄色,花柱丝状,上部3裂。

🟣 **果** 球形，直径2.5～4mm，黄褐色，成熟时室背开裂。种子多数，黑褐色。

引种信息
上海植物园　2017年于浙江省杭州市嘉泰园艺有限公司引种植株1000株。

物候
上海植物园　花期5月，果期6～8月。

迁地栽培要点
喜全日照环境，耐湿热，上海地区可露地栽培。种子自然散落在土壤后，会直接萌发、生长和开花。

主要用途
观赏。

73 直立庭菖蒲

Sisyrinchium striatum Sm.

自然分布

产阿根廷和智利。

迁地栽培形态特征

多年生草本植物，丛生，高45~60cm。

根状茎 须根纤细，黄白色，多分枝。

叶 互生，剑形，灰绿色，长33.5cm，宽1.8cm，基部鞘状抱茎，顶端渐尖，无明显的中脉。

花茎 直立，实心，高45~60cm，有4~6节，每节有1枚披针形茎生叶，长3.5~28cm，宽0.4~1.5cm。聚伞花序在花葶上呈穗状排列，花葶偶有分枝。苞片1枚，狭披针形，边缘膜质，绿色，长1~1.5cm、宽7mm，内侧5枚膜质，无色透明，内有3~5朵花。

花 黄白色，喉部黄色，直径1.8cm；花梗丝状，长约1cm；花被管甚短，内、外花被裂片同形，等大，2轮排列，倒卵形至倒披针形，长约8mm，宽约6mm，顶端突尖；雄蕊3，花丝上部分离，下部合成管状，长约1.2cm，花药鲜黄色；花柱丝状，上部3裂。

果 球形，直径约1.2cm，黄褐色，成熟时室背开裂。种子多数，近似球形，黑褐色，直径1.2~1.5mm。

引种信息

上海辰山植物园 2006年于上海上房园艺有限公司引种植株10株。

上海植物园 2007年于上海花境园艺有限公司引种植株10株。

物候

上海辰山植物园 花期6月，果期7~8月。

上海植物园 花期6月，果期7~8月。

迁地栽培要点

喜全日照或略微遮阴、排水良好的环境。

主要用途

观赏。

中国迁地栽培植物志·鸢尾科·庭菖蒲属

参考文献
References

崔乃然，崔大方，刘国钧，等，1996. 新疆植物志（第6卷）[M]. 乌鲁木齐：新疆科技卫生出版社，565.

胡永红，肖月娥，2012. 湿生鸢尾——品种赏析、栽培及应用[M]. 北京：科学出版社.

李法曾，赵遵田，樊守金，2004. 山东植物精要[M]. 北京：科学出版社.

刘瑛，1936. 中国之鸢尾[J]. 中国植物学杂志，3(2)：937.

孟凡虹，赵瑞瑞，胡振宇，等，2016. 鸢尾属植物的化学物质基础及其药用价值研究进展[J]. 南方农业，10(21)：91-93.

沈云光，王仲朗，管开云，2007. 国产13种鸢尾属植物的核型分析[J]. 植物分类学报，45(5)：601-618.

束盼，秦民坚，沈文娟，等，2008. 鸢尾属及射干种子的化学成分研究进展[J]. 中国野生植物资源，27(2)：15-18，32.

肖月娥，胡永红，2018. 花菖蒲——资源保护与品种赏析[M]. 北京：科学出版社.

肖月娥，俞新平，胡永红，等，2008. 西南鸢尾种子萌发特性初步研究[J]. 种子，2(27)：18-20.

郑洋，2016. 东北地区野生鸢尾属植物的分类与评价研究[D]. 沈阳：沈阳农业大学.

赵毓棠，1985. 中国植物志（第十六卷，第一分册）[M]. 北京：科学出版社.

Diels & Prantl, 1930. Nat. Pflanzenfam[M]. Aufl.

Dykes W R, 1913. The genus *Iris*[M]. New York: Dover Publications: 124-178.

Goldblatt P, Manning J C, 2008. The Iris Family: Natural History and Classification[M]. London: Timber Press.

Goldblatt P, Rodriguez A, Powell M P, et al., 2008. Iridaceae 'Out of Australasia'? Phylogeny, Biogeography, and Divergence Time Based on Plastid DNA Sequences[J]. Systematic Botany, 33(3): 495-508.

Goldblatt P. 1990a. Phylogeny and classification of Iridaceae[J]. Annals of the Missouri Botanical Garden, 77: 607-627.

Goldblatt P, Manning J C, Munzinger J, et al., 2011. A new native family and new endemic species for the flora of New Caledonia: *Patersonia neocaledonica* sp. nov. (Iridaceae, Patersonioideae), from the Mount Humboldt massif[J]. ADANSONIA, Seiries, 3, 33 (2): 201-208.

Lawrence, 1953. A reclassification of the genus Iris[J]. Gentes Herbarium, 8: 346.

Lenz L W, 1972. The status of *Pardanthopsis* (Iridaceae)[J]. Aliso, 7: 401-403.

Mathew B, 1981. The *Iris*[M]. London: B. T. Batsford Ltd., 69-78.

Reeves G, Chase M W, Goldblatt P, et al, 2001. A phylogenetic analysis of Iridaceae based on four plastid sequence regions: trnL intron, trnL-F spacer, rps4 and rbcL[J]. American Journal of Botany, 88: 2074-2087.

Rodionenko G I, 1961. The genus *Iris*. (1987 English translation)[M]. London: The British Iris Society, 132-143.

Rudall P J, 1994. Leaf anatomy and systematics of the Iridaceae[J]. Botanical Journal of the Linnean Society, 114: 1-21.

Rudall P J, 1995. Anatomy of the Monocotyledons. VIII. Iridaceae[M]. Oxford, England: Clarendon Press.

Souza-Chies T T, Bittar G, Nadot S, et al, 1997. Phylogenetic analysis of Iridaceae with parsimony and distance methods using the plastid gene rps4[J]. Plant Systematics and Evolution, 204: 109-123.

The Species of The British Iris Society, 1997. A Guide to Species Irises: Their Identification and Cultivation[M]. New York: Cambridge University Press.

Waddick J W, Zhao Y T, 1992. Iris of China[M]. Portland: Timber Press.

Wilson C A, 2011. Subgeneric classification in *Iris* re-examined using chloroplast sequence data[J]. Taxon, 60: 2735.

Zhao Y T, Noltie H, Mathew B, 2000. Iridaceae[M]. In: Wu Z Y, Raven P H, eds, Flora of China. Beijing: Science Press & St.1ouis: Missouri Botanical Garden Press, 24: 297-313.

附录1 植物园地理位置

中国科学院昆明植物研究所昆明植物园

位于昆明市北郊黑龙潭畔，位于北纬25°07′04.9″~25°08′54.8″，东经102°44′15.2″~102°44′47.3″，海拔1914~1990m。在云南高原地区种子植物区系分区中，该地区属于滇中高原小区。气候类型属亚热带高原季风气候，气候温和，四季不分明，夏无酷暑，冬无严寒，年平均气温14.7℃，历史上极端气温最高31.2℃，最低-7.8℃；干湿季明显，5~9月为雨季，降水量占全年的85%左右，年均降水量1006.5mm，年均相对湿度73%；日照长，霜期短，年均日照2200h左右，无霜期240d以上，日温差较大，紫外线强度较高；土壤为富含铁、铝氧化物的红壤，pH多在4.0~7.5之间。

上海辰山植物园

位于上海市松江区，于2010年建成，总占地面积207hm^2。中心位置坐标为北纬31°04′48.10″、东经121°11′5.76″。该地区属于亚热带海洋性季风气候，四季分明，日照充分，雨量充沛，春秋较短，冬夏较长。年平均气温15.6℃，无霜期230天，年平均日照1817h，年降水量1213mm，年陆地蒸发量为754.6mm，极端最高温度40℃，极端最低温度-8.9℃。水资源十分丰富，所有水系均为劣Ⅴ类水质。土壤为粉（砂）质黏壤土，有机质平均含量2.79%，土壤pH值呈中性或弱碱性（pH 7.0~7.9）。

上海植物园

位于上海市徐汇区，始建于1974年，总占地面积81.86hm^2。中心位置坐标为北纬31°14′、东经121°29′，海拔3.5~4m。该地区属于亚热带海洋性季风气候，四季分明，日照充分，雨量充沛，春秋较短，冬夏较长。年平均气温15.5℃，1月平均气温3.4℃，7月平均气温27.5℃。极端最高气温40.7℃，极端最低气温-12.1℃。年降水量1149.8mm。土壤呈微中性至弱碱性（pH 7.0~7.5）。

江苏省中国科学院植物研究所南京中山植物园

位于南京市东郊风景区内，北纬32°07′，东经118°48′，海拔20~76m的低山丘陵坡地，地带性植被为落叶常绿阔叶混交林，属北亚热带季风气候，年平均气温14.7℃，极端气温最高41℃（1988年），最低-23.4℃（1969年），气候温和。年平均降水量1000.4mm，降水主要集中在6~9月，占全年降水量的59.2%。无霜期237d。土壤为山地黄棕壤，pH 5.0~6.2。

中国科学院植物研究所北京植物园

位于北京市西郊香山脚下，地处北纬39°59′，东经116°12′，平均海拔74m。属暖温带半湿润半干旱季风气候，冬季寒冷而干燥，夏季炎热而多雨。年平均气温11.8℃；1月平均气温-4.7℃，7月平均气温26.1℃；极端最低气温-17.5℃，极端最高气温41.3℃。年均降水量638.8mm，降水季节分配很不均匀，全年降水的80%集中在夏季6~8月。土壤为褐色砂壤土，pH 7.8~8.0。

沈阳农业大学鸢尾种质资源圃

位于沈阳市东郊沈阳农业大学校园北山科研基地内，北纬41°49′29.91″~41°49′49.87″，东经123°33′41.49″~123°33′49.60″，海拔82m。气候类型为温带季风气候，年平均气温6.2~9.7℃，年降水量600~800mm，全年无霜期155~180d。受季风影响，降水集中在夏季，温差较大，四季分明。冬寒时间较长，近6个月，降雪较少；春夏秋三季时间较短。土壤为养分含量相对较丰的潮棕壤，pH 6.0~7.0。

附录2 鸢尾科植物名录

中文名	属名	拉丁名	植物园或高校					
			SHBG	CSBG	KBG	NJBG	BJBG	SYAU
射干	射干属	*Belamcanda chinensis*	√	√	√			√
双色豁裂花	豁裂花属	*Chasmanthe bicolor*	√					
雄黄兰	雄黄兰属	*Crocosmia × crocosmiiflora*	√	√	√			
番红花	番红花属	*Crocus sativus*	√					
荷兰番红花	番红花属	*Crocus vernus*	√					
双色离被鸢尾	离被鸢尾属	*Dietes bicolor*	√					
非洲鸢尾	离被鸢尾属	*Dietes iridioides*	√	√	√			
红葱	红葱属	*Eleutherine bulbosa*	√					
香雪兰	香雪兰属	*Freesia × hybrida*	√					
唐菖蒲	唐菖蒲属	*Gladiolus × gandavensis*	√					
中亚鸢尾	鸢尾属	*Iris bloudowii*		√				√
锐果鸢尾	鸢尾属	*Iris goniocarpa*	√	√				
细锐果鸢尾	鸢尾属	*Iris goniocarpa* var. *tenella*		√				
薄叶鸢尾	鸢尾属	*Iris leptophylla*		√				
长白鸢尾	鸢尾属	*Iris mandshurica*		√			√	√
甘肃鸢尾	鸢尾属	*Iris pandurata*	√	√				
卷鞘鸢尾	鸢尾属	*Iris potaninii*		√				
蓝花卷鞘鸢尾	鸢尾属	*Iris potaninii* var. *ionantha*		√				
膜苞鸢尾	鸢尾属	*Iris scariosa*	√	√			√	
粗根鸢尾	鸢尾属	*Iris tigridia*	√	√			√	√
扁竹兰	鸢尾属	*Iris confusa*	√		√			
蝴蝶花	鸢尾属	*Iris japonica*	√	√	√	√		
白蝴蝶花	鸢尾属	*Iris japonica* f. *pallescens*	√					
鸢尾	鸢尾属	*Iris tectorum*	√	√	√		√	√
白花鸢尾	鸢尾属	*Iris tectorum* f. *alba*	√			√		
扇形鸢尾	鸢尾属	*Iris wattii*	√	√	√			
单苞鸢尾	鸢尾属	*Iris anguifuga*	√	√				
西南鸢尾	鸢尾属	*Iris bulleyana*	√	√				
大苞鸢尾	鸢尾属	*Iris bungei*		√				
华夏鸢尾	鸢尾属	*Iris cathayensis*	√					
金脉鸢尾	鸢尾属	*Iris chrysographes*	√	√				
西藏鸢尾	鸢尾属	*Iris clarkei*	√					
长葶鸢尾	鸢尾属	*Iris delavayi*		√				
玉蝉花	鸢尾属	*Iris ensata*	√	√				√
红籽鸢尾	鸢尾属	*Iris foetidissima*			√			

附录 2 鸢尾科植物名录

（续）

中文名	属名	拉丁名	植物园或高校					
			SHBG	CSBG	KBG	NJBG	BJBG	SYAU
云南鸢尾	鸢尾属	*Iris forrestii*	√	√	√			
喜盐鸢尾	鸢尾属	*Iris halophila*	√	√			√	√
蓝花喜盐鸢尾	鸢尾属	*Iris halophila* var. *sogdiana*		√				
矮鸢尾	鸢尾属	*Iris kobayashii*	√	√				√
燕子花	鸢尾属	*Iris laevigata*	√					√
白花马蔺	鸢尾属	*Iris lactea*					√	
马蔺	鸢尾属	*Iris lactea* var. *chinensis*	√	√	√	√	√	√
天山鸢尾	鸢尾属	*Iris loczyi*	√	√				
小黄花鸢尾	鸢尾属	*Iris minutoaurea*						√
朝鲜鸢尾	鸢尾属	*Iris odaesanensis*	√					√
小鸢尾	鸢尾属	*Iris proantha*	√	√				
粗壮小鸢尾	鸢尾属	*Iris proantha* var. *valida*	√	√				
黄菖蒲	鸢尾属	*Iris pseudacorus*	√	√	√	√	√	√
青海鸢尾	鸢尾属	*Iris qinghainica*	√	√				
长尾鸢尾	鸢尾属	*Iris rossii*						√
矮紫苞鸢尾	鸢尾属	*Iris ruthenica* var. *nana*	√	√			√	
溪荪	鸢尾属	*Iris sanguinea*	√	√	√			
山鸢尾	鸢尾属	*Iris setosa*	√				√	
小花鸢尾	鸢尾属	*Iris speculatrix*	√			√		
准噶尔鸢尾	鸢尾属	*Iris songarica*		√				
细叶鸢尾	鸢尾属	*Iris tenuifolia*		√			√	
北陵鸢尾	鸢尾属	*Iris typhifolia*	√	√				
单花鸢尾	鸢尾属	*Iris uniflora*	√	√			√	
囊花鸢尾	鸢尾属	*Iris ventricosa*		√				√
高原鸢尾	鸢尾属	*Iris collettii*	√	√				
尼泊尔鸢尾	鸢尾属	*Iris decora*	√	√				
中甸鸢尾	鸢尾属	*Iris subdichotoma*			√			
野鸢尾	鸢尾属	*Iris dichotoma*	√	√			√	√
布哈拉鸢尾	鸢尾属	*Iris bucharica*	√					
荷兰鸢尾	鸢尾属	*Iris* × *hollandica*	√					
剑鸢尾	鸢尾属	*Iris kolpakowskiana*	√					
网脉鸢尾	鸢尾属	*Iris reticulata*	√					
棕叶庭菖蒲	庭菖蒲属	*Sisyrinchium palmifolium*	√	√	√			
庭菖蒲	庭菖蒲属	*Sisyrinchium rosulatum*	√					
直立庭菖蒲	庭菖蒲属	*Sisyrinchium striatum*	√	√				

备注：（1）按拉丁名首字母排序；（2）缩写名称。SHBG，上海植物园；CSBG，上海辰山植物园；BJBG，中国科学院植物研究所北京植物园；NJBG，南京中山植物园；KBG，昆明植物园；SYAU，沈阳农业大学；（3）本表含引种后死亡的物种。

中文名索引

A

矮鸢尾 ……………… 116
矮紫苞鸢尾 ……………… 140

B

八棱麻 ……………… 146
白蝴蝶花 ……………… 85
白花马蔺 ……………… 120
白花鸢尾 ……………… 88
白射干 ……………… 164
薄叶鸢尾 ……………… 65
北陵鸢尾 ……………… 152
避蛇参 ……………… 92
扁担叶 ……………… 83
扁蒲扇 ……………… 164
扁竹 ……………… 81,83
扁竹根 ……………… 81,83
扁竹花 ……………… 86
扁竹兰 ……………… 81,90
布哈拉鸢尾 ……………… 167

C

长白鸢尾 ……………… 67
长葶鸢尾 ……………… 104
长尾鸢尾 ……………… 138
菖蒲兰 ……………… 50
朝鲜鸢尾 ……………… 128
仇人不见面 ……………… 92
春不见 ……………… 92
粗根鸢尾 ……………… 79
粗壮小鸢尾 ……………… 132

D

大苞鸢尾 ……………… 96
大紫石蒲 ……………… 110
单苞鸢尾 ……………… 92
单花鸢尾 ……………… 154
东北鸢尾 ……………… 106
东方鸢尾 ……………… 142
豆豉草 ……………… 83

E

二歧鸢尾 ……………… 164

F

番红花 ……………… 37
非洲鸢尾 ……………… 44

G

甘肃鸢尾 ……………… 71
高原鸢尾 ……………… 158
光叶鸢尾 ……………… 118

H

蛤蟆七 ……………… 86
荷兰番红花 ……………… 39
荷兰鸢尾 ……………… 169
红葱 ……………… 47
红籽鸢尾 ……………… 108
厚叶马蔺 ……………… 112
蝴蝶花 ……………… 83
华夏鸢尾 ……………… 98
黄菖蒲 ……………… 134
黄鸢尾 ……………… 134

J

剑刀草 ……………… 83
剑鸢尾 ……………… 171
箭秆风 ……………… 122
交剪草 ……………… 28
金脉鸢尾 ……………… 100
金网鸢尾 ……………… 100
金纹鸢尾 ……………… 100
巨苞鸢尾 ……………… 156
卷鞘鸢尾 ……………… 73

K

开喉箭 ……………… 83
空茎鸢尾 ……………… 94
孔雀肖鸢尾 ……………… 176

L

兰花草 ……………… 83,122
蓝蝴蝶 ……………… 86
蓝花卷鞘鸢尾 ……………… 75
蓝花喜盐鸢尾 ……………… 114
老鹳扇 ……………… 164
老君扇 ……………… 90
老牛拽 ……………… 150
蠡实 ……………… 122
亮紫鸢尾 ……………… 146
六轮茅 ……………… 146

M

马莲 ……………… 122
马蔺 ……………… 122
马帚子 ……………… 122

膜苞鸢尾 ·············· 77

N
囊花鸢尾 ·············· 156
尼泊尔鸢尾 ············ 160
拟罗斯鸢尾 ············ 130
拟罗斯鸢尾大花变种 ···· 132

P
平叶鸢尾 ·············· 118

Q
青海鸢尾 ·············· 136

R
柔鸢尾 ················ 138
锐果鸢尾 ·············· 61

S
山鸢尾 ················ 144
扇形鸢尾 ·············· 90
扇子草 ················ 164
蛇不见 ················ 92
射干 ·················· 28
双色豹裂花 ············ 31
双色离被鸢尾 ·········· 42
水仙花鸢尾 ············ 69

丝叶马蔺 ·············· 150
穗花肖鸢尾 ············ 178

T
唐菖蒲 ················ 53
天山鸢尾 ·············· 124
铁豆柴 ················ 83
铁扇子 ················ 90
庭菖蒲 ················ 183

W
网脉鸢尾 ·············· 173
屋顶鸢尾 ·············· 86

X
西红花 ················ 37
西南鸢尾 ·············· 94
西藏鸢尾 ·············· 102
溪荪 ·················· 142
喜盐鸢尾 ·············· 112
细锐果鸢尾 ············ 63
细叶马蔺 ·············· 150
细叶鸢尾 ·············· 150
夏无踪 ················ 92
香蒲叶鸢尾 ············ 152
香雪兰 ················ 50
小菖兰 ················ 50

小花鸢尾 ·············· 146
小黄花鸢尾 ············ 126
小兰花 ················ 162
小鸢尾 ················ 130
雄黄兰 ················ 34

Y
燕子花 ················ 118
羊角草 ················ 164
野萱花 ················ 28
野鸢尾 ················ 164
玉蝉花 ················ 106
玉米叶鸢尾 ············ 167
鸢尾 ·················· 86
云南鸢尾 ·············· 110

Z
藏红花 ················ 37
直立庭菖蒲 ············ 185
中甸鸢尾 ·············· 162
中亚鸢尾 ·············· 59
准噶尔鸢尾 ············ 148
紫蝴蝶 ················ 86
紫花鸢尾 ·············· 106
紫蓝草 ················ 122
棕叶庭菖蒲 ············ 181

拉丁名索引

A

Antholyza aethiopica var. *bicolor* ⋯⋯⋯⋯31
Antholyza aethiopica var. *minor* ⋯⋯⋯⋯31
Antholyza bicolor ⋯⋯⋯⋯⋯⋯⋯⋯⋯⋯⋯⋯31

B

Belamcanda chinensis ⋯⋯⋯⋯⋯⋯⋯⋯⋯⋯28
Belamcanda chinensis f. *vulgaris* ⋯⋯⋯⋯28
Belamcanda chinensis var. *curtata* ⋯⋯⋯28
Belamcanda chinensis var. *taiwanensis* ⋯28
Bermudiana marginata ⋯⋯⋯⋯⋯⋯⋯⋯⋯181
Bermudiana palmifolia ⋯⋯⋯⋯⋯⋯⋯⋯⋯181

C

Chasmanthe bicolor ⋯⋯⋯⋯⋯⋯⋯⋯⋯⋯⋯31
Crocosmia × *crocosmiiflora* ⋯⋯⋯⋯⋯⋯34
Crocosmia × *latifolia* ⋯⋯⋯⋯⋯⋯⋯⋯⋯34
Crocus sativus ⋯⋯⋯⋯⋯⋯⋯⋯⋯⋯⋯⋯⋯37
Crocus sativus subsp. *orsinii* ⋯⋯⋯⋯⋯⋯37
Crocus sativus var. *cashmerianus* ⋯⋯⋯37
Crocus sativus var. *officinalis* ⋯⋯⋯⋯⋯37
Crocus sativus var. *orsinii* ⋯⋯⋯⋯⋯⋯⋯37
Crocus vernus ⋯⋯⋯⋯⋯⋯⋯⋯⋯⋯⋯⋯⋯39
Cryptobasis loczyi ⋯⋯⋯⋯⋯⋯⋯⋯⋯⋯⋯124
Cryptobasis tianschanica ⋯⋯⋯⋯⋯⋯⋯124

D

Dietes bicolor ⋯⋯⋯⋯⋯⋯⋯⋯⋯⋯⋯⋯⋯42
Dietes iridioides ⋯⋯⋯⋯⋯⋯⋯⋯⋯⋯⋯⋯44

E

Eleutherine bulbosa ⋯⋯⋯⋯⋯⋯⋯⋯⋯⋯47
Eleutherine palmifolia ⋯⋯⋯⋯⋯⋯⋯⋯181
Eleutherine plicata ⋯⋯⋯⋯⋯⋯⋯⋯⋯⋯47

Evansia chinensis ⋯⋯⋯⋯⋯⋯⋯⋯⋯⋯⋯83
Evansia dichotoma ⋯⋯⋯⋯⋯⋯⋯⋯⋯⋯164
Evansia fimbriata ⋯⋯⋯⋯⋯⋯⋯⋯⋯⋯⋯83
Evansia nepalensis ⋯⋯⋯⋯⋯⋯⋯⋯⋯⋯160
Evansia vespertina ⋯⋯⋯⋯⋯⋯⋯⋯⋯⋯164

F

Ferraria ocellaris ⋯⋯⋯⋯⋯⋯⋯⋯⋯⋯⋯176
Freesia × *hybrida* ⋯⋯⋯⋯⋯⋯⋯⋯⋯⋯⋯50

G

Gladiolus × *gandavensis* ⋯⋯⋯⋯⋯⋯⋯53
Glumosia palmifolia ⋯⋯⋯⋯⋯⋯⋯⋯⋯181

I

Iridodictyum kolpakowskiana ⋯⋯⋯⋯⋯171
Iris × *hollandica* ⋯⋯⋯⋯⋯⋯⋯⋯⋯⋯⋯169
Iris anguifuga ⋯⋯⋯⋯⋯⋯⋯⋯⋯⋯⋯⋯⋯92
Iris astrachanica ⋯⋯⋯⋯⋯⋯⋯⋯⋯⋯⋯77
Iris bicolor ⋯⋯⋯⋯⋯⋯⋯⋯⋯⋯⋯⋯⋯⋯42
Iris bloudowii ⋯⋯⋯⋯⋯⋯⋯⋯⋯⋯⋯⋯⋯59
Iris brachycuspis ⋯⋯⋯⋯⋯⋯⋯⋯⋯⋯⋯144
Iris brevicuspis ⋯⋯⋯⋯⋯⋯⋯⋯⋯⋯⋯⋯144
Iris bucharica ⋯⋯⋯⋯⋯⋯⋯⋯⋯⋯⋯⋯⋯167
Iris bulleyana ⋯⋯⋯⋯⋯⋯⋯⋯⋯⋯⋯⋯⋯94
Iris bungei ⋯⋯⋯⋯⋯⋯⋯⋯⋯⋯⋯⋯⋯⋯96
Iris caespitosa ⋯⋯⋯⋯⋯⋯⋯⋯⋯⋯⋯⋯106
Iris cathayensis ⋯⋯⋯⋯⋯⋯⋯⋯⋯⋯⋯⋯98
Iris chinensis ⋯⋯⋯⋯⋯⋯⋯⋯⋯⋯⋯⋯⋯83
Iris chrysographes ⋯⋯⋯⋯⋯⋯⋯⋯⋯⋯100
Iris clarkei ⋯⋯⋯⋯⋯⋯⋯⋯⋯⋯⋯⋯⋯⋯102
Iris collettii ⋯⋯⋯⋯⋯⋯⋯⋯⋯⋯⋯⋯⋯⋯158
Iris confusa ⋯⋯⋯⋯⋯⋯⋯⋯⋯⋯⋯⋯⋯⋯81
Iris decora ⋯⋯⋯⋯⋯⋯⋯⋯⋯⋯⋯⋯⋯⋯160

Iris delavayi	104	*Iris minuta*	126
Iris desertorum	112	*Iris minutoaurea*	126
Iris dichotoma	164	*Iris moorcrofiana*	120
Iris domestica	28	*Iris narcissiflora*	69
Iris doniana	106	*Iris nepalensis*	160
Iris duclouxii	158	*Iris nepalensis* f. *depauperata*	158
Iris elongata	77	*Iris nepalensis* var. *letha*	158
Iris ensata	106,120	*Iris nertschinskia*	142
Iris extremorientalis	142	*Iris odaesanensis*	128
Iris fimbriata	83,86	*Iris orientalis*	142
Iris flava	134	*Iris oxypetala*	120
Iris flavissima var. *bloudwii*	59	*Iris pallasiii*	120
Iris flavissima var. *umbrosa*	59	*Iris pallidior*	134
Iris foetidissima	108	*Iris palustris*	134
Iris foetidissima var. *livida*	108	*Iris pandurata*	71
Iris foetidissima var. *lutescens*	108	*Iris pomeridiana*	164
Iris forrestii	110	*Iris potaninii*	73
Iris fragrans	120	*Iris potaninii* var. *ionantha*	75
Iris gmelinii	118	*Iris proantha*	130
Iris goniocarpa	61	*Iris proantha* var. *valida*	132
Iris goniocarpa var. *tenella*	63	*Iris pseudacorus*	134
Iris gracilis	61	*Iris pseudorossii* var. *valida*	132
Iris grijsii	146	*Iris pseudorossii*	130
Iris gueldenstadtiana	112	*Iris qinghainica*	136
Iris haematophylla	120	*Iris reticulata*	173
Iris halophila	112	*Iris reticulata* var. *atropurpurea*	173
Iris halophila var. *sogdiana*	114	*Iris reticulata* var. *cyanea*	173
Iris itsihatsi	118	*Iris reticulata* var. *krelagei*	173
Iris japonica	83	*Iris reticulata* var. *reticulata*	173
Iris japonica f. *pallescens*	85	*Iris rossii*	138
Iris kaempferi	106	*Iris rossii* f. *albiflora*	138
Iris kobayashii	116	*Iris rossii* f. *purpurascens*	138
Iris kolpakowskiana	171	*Iris rossii* var. *latifolia*	138
Iris koreana	126	*Iris rosthornii*	86
Iris lactea	120	*Iris ruthenica* var. *nana*	140
Iris lactea var. *chinensis*	122	*Iris sanguinea*	142
Iris laevigata	118	*Iris sativa*	134
Iris laevigata var. *kaempferi*	106	*Iris scariosa*	77
Iris leptophylla	65	*Iris setosa*	144
Iris loczyi	124	*Iris sogdiana*	114
Iris longispatha	120	*Iris songarica*	148
Iris lutea	134	*Iris speculatrix*	146
Iris mandshurica	67	*Iris spuria* subsp. *halophila*	112

Iris spuria subsp. *sogdiana*	114	*Moraea polystachya*	178
Iris spuria var. *halophila*	112		
Iris squalens	83	**N**	
Iris stenogyna	112	*Neubeckia decora*	160
Iris subdichotoma	162	*Neubeckia sulcata*	160
Iris sulcata	160		
Iris tectorum	86	**P**	
Iris tectorum f. *alba*	88	*Paneguia palmifolia*	181
Iris tenuifolia	150	*Pardanthopsis dichotoma*	164
Iris tenuifolia var. *thianschanica*	124	*Petamenes bicolor*	31
Iris thianschanica	124		
Iris thianshanica	124	**S**	
Iris thoroldii	73	*Sclerosiphon bungei*	96
Iris tianschanica	124	*Sclerosiphon ventricosum*	156
Iris tigridia	79	*Sisyrinchium altissimum*	181
Iris tomiolopha	86	*Sisyrinchium brownei*	183
Iris triflora	120	*Sisyrinchium exile*	183
Iris typhifolia	152	*Sisyrinchium giganteum*	181
Iris uniflora	154	*Sisyrinchium grande*	181
Iris ventricosa	156	*Sisyrinchium macrocephalum*	181
Iris wattii	90	*Sisyrinchium marginatum*	181
Iris yedoensis	144	*Sisyrinchium palmifolium*	181
Iris yunnanensis	160	*Sisyrinchium rosulatum*	183
		Sisyrinchium striatum	185
J			
Junopsis decora	160	**T**	
		Tritonia × *crocosmiiflora*	34
L			
Limniris pseudacorus	134	**X**	
Limniris typhifolia	152	*Xiphion acoroides*	134
		Xiphion brachycuspis	144
M		*Xiphion donianum*	106
Marica palmifolia	181	*Xyridion acoroideum*	134
Montbretia × *crocosmiiflora*	34	*Xyridion laevigatum*	118
Moraea alata	181	*Xyridion pseudacorus*	134
Moraea aristata	176	*Xyridion setosum*	144
Moraea bicolor	42	*Xyridion ventricosum*	156
Moraea palmifolia	181		